ANKE JOBI

CLEAN FEEDING

Hunde natürlich füttern

KOSMOS

INHALT

Zu diesem Buch

Die Beschäftigung mit dem Thema Hundeernährung begann vor Jahren, wie bei so vielen auch bei mir, mit einem kranken Hund. Damals war es für mich – wie für viele Hundehalter meiner Generation – eine ganz normale Sache: Hunde bekommen ein Hundefutter. Wir hatten schon eine wahre Futter-Odyssee hinter uns, denn unserem an einer Allergie leidenden Parson Russel Terrier Leo wollte einfach keines der Fertigfutter schmecken. Bei einem gemeinsamen Spaziergang schlug mir eine Freundin, ebenfalls Hundehalterin, vor, es doch mal mit Barfen zu probieren. Meine erste Reaktion war Ablehnung: „Was für ein Quatsch!", dachte ich mir. Sollte ich jetzt auch noch Theater um das *Hundefutter* machen? Wenige Tage später stand ich das erste Mal in meinem Leben in einem Barfshop.
Der Barfshop-Betreiber wies mich in einem kurzen Gespräch in die Fertigbarf-Fütterung ein und schon am nächsten Tag legten wir los. Unser kleiner Terrier zeigte mäßige Begeisterung, war aber zumindest überzeugter als von „normalem" Hundefutter.
Mein Interesse an der Ernährung allgemein war geweckt und es dauerte nicht lange, da fing ich auch an, mich näher mit der eigenen Ernährung auseinanderzusetzen. Es ging mir zu diesem Zeitpunkt wie vielen meiner Generation: Fleisch war das, was man im Supermarkt in der Kühltheke finden konnte. Mehr nicht. Doch das änderte sich bald.
Mit der Erkenntnis, dass für meinen zu dieser Zeit noch durchschnittlich hohen Fleischkonsum Tieren Leid zugefügt wird, geriet ich zunächst in eine Art Schockzustand. Was da in der Massentierhaltung mit den Tieren passierte, das wollte ich nicht. Der Gedanke, dass ich daran eine Mitschuld trage, war für mich unerträglich. Was aber war die Lösung? Vegetarierin oder gar Veganerin werden? Für meine Familie konnte ich nicht entscheiden und für Mann und Kinder weiter täglich das Fleisch zuzubereiten, während ich mich selber fleischlos ernähre, erschien mir nicht wirklich sinnvoll. Die Lösung für dieses Dilemma lag für mich in der Vergangenheit. Ich beschloss, es wieder so zu machen wie unsere Großeltern: wenig Fleisch essen, dafür auf die Herkunft achten. Ganz in unserer Nähre fand ich einen Bauernhof mit Hofladen und der gute alte Sonntagsbraten hielt bei uns wieder Einzug.
Mit dem Barfen hatte es angefangen und zunächst glaubte auch ich, da man es mich so lehrte, dass für den Hund große Mengen Fleisch wichtig und richtig sind. Der Hund war ja schließlich als Abkömmling vom Wolf ein Fleischfresser, oder? Allerdings wurden die Fragezeichen in meinem Kopf immer größer. Wie war das gewesen, bevor es die Massentierhaltung gab? Hatte man für die Hunde trotzdem immer viel Fleisch zur Verfügung? Aber wie sollte das funktioniert haben? Der Sonntagsbraten

für die Menschen, während im Hundenapf sieben Tage die Woche Unmengen Fleisch landeten? Irgendwie passte das für mich nicht zusammen. Und wie war das in anderen Ländern? Wurden Hunde da auch mit großen Mengen Fleisch gefüttert? Wie konnten all die unzähligen Straßenhunde überleben, wenn sie kaum Fleisch fraßen? Und warum gingen sie nicht einfach jagen wie Wölfe, wenn Fleisch für sie so wichtig war? Im Laufe der letzten Jahre habe ich Antworten auf diese und noch zahllose weitere Fragen gesucht und viele auch gefunden. Diese Antworten bilden die Grundlage für das Clean Feeding, das ich Ihnen in diesem Buch vorstellen möchte. Eine „saubere" Ernährung und auch Fütterung unserer Hunde ist für mich die logische Antwort auf viele Missstände, mit denen wir es heute in vielen Bereichen zu tun haben: Leid in der Massentierhaltung, Umweltverschmutzung, Klimawandel, ein immer höheres Aufkommen sogenannter Zivilisationskrankheiten bei Menschen und ihren Haustieren, die Entfernung von der Natur, Ausbeutung von Ressourcen und vieles mehr haben nicht nur mit unserer eigenen, sondern auch der Ernährung unserer Haustiere zu tun. Mit einem „Clean Feeding" können wir also nicht nur die Gesundheit unserer Hunde unterstützen, sondern noch sehr viel mehr tun.

Ich freue mich, dass auch Sie Ihren Hund „sauber" füttern möchten und wünsche Ihnen viel Freude beim Lesen dieses Buches!

Ihre
Anke Jobi

Mit Parson Russel Terrier Leo hat Anke Jobi eine wahre Futter-Odyssee erlebt, bevor sie zum Clean Feeding kam.

CLEAN FEEDING – DER SAUBERE FUTTERNAPF

EEDING
Leo

ARTGERECHTE HALTUNG

Rinder gehören auf die Weide.

Ernährung früher und heute

Meine Mutter wurde gegen Ende des letzten Krieges geboren und wuchs in der Nachkriegszeit auf. Sie kannte noch viele Gerichte, die aus der Not entstanden waren, denn auch in den ersten Jahren nach dem Krieg herrschte Knappheit an Nahrungsmitteln und Hunger.

Manchmal kochte sie uns Kindern leckere „Mehlsuppe", ein einfaches Gericht aus Mehl, Wasser, etwas Zucker und guter Butter. „Die gute Butter" ist ein Begriff, der auch in der Zeit nach dem Krieg geprägt wurde. Butter gehörte zur Mangelware, wie viele tierische Nahrungsmittel.

NUTZTIERHALTUNG

In den 50er-Jahren nahm die deutsche Wirtschaft so richtig Fahrt auf, die Industrialisierung der Nahrungsmittel boomte, alle waren bestrebt, den Mangel des Krieges weit hinter sich zu lassen. Jeder sollte sich täglich Fleisch und Wurst leisten können – aus Mangel wurde Masse. Durch die Massentierhaltung wurde es möglich, dass der Fleischkonsum stetig zunahm. Seinen Höchststand erreichte er in den 80er- bis 90er-Jahren; der Pro-Kopf-Verbrauch im Jahr hatte sich innerhalb von 40 Jahren auf etwa 65 kg beinahe verdreifacht. Fleisch war nun in riesigen Mengen vorhanden und billig wie niemals zuvor.

DÜNGEMITTEL UND PESTIZIDE

Nicht nur die Produktion von tierischen Nahrungsmitteln musste effizienter werden, auch die Produktion von pflanzlichen Nahrungsmitteln wurde immer mehr industrialisiert. Mithilfe von immer besseren Maschinen und Düngemitteln wurde die Produktivität mehr und mehr gesteigert. Ihre Ausrichtung änderte sich teilweise, die Produktion von Futter für die Tiere in der Massentierhaltung wurde immer wichtiger. Im Zuge der Globalisierung wurden zudem immer mehr pflanzliche Nahrungsmittel importiert. Viele pflanzliche Nahrungsmittel büßten wegen weiter Transportwege und mangelnder Reife Nährstoffe und Geschmack ein und sind mit Pestiziden belastet.

FERTIGFUTTER UND FAST FOOD

Die Industrialisierung im 20. Jahrhundert brachte etwas Neues mit sich – Fertigfutter für Hunde. Anfangs als Diätfuttermittel bei Erkrankungen gedacht, entwickelte sich daraus relativ schnell ein Angebot für alle Hunde. Mit großen Werbekampagnen sorgte die Futtermittelindustrie dafür, dass Fertigfutter sich etablierte. 80 bis 90 % aller Hundehalter in Deutschland finden es heute selbstverständlich, dass Hunde ein Fertigfutter bekommen.

Auch für Menschen wurden Fertiggerichte kreiert und Fast-Food-Restaurants hielten Einzug. Immer mehr Frauen wurden berufstätig und Zeit zum Kochen blieb nur noch wenig. Da war es praktisch, am Abend für die Familie eine Dose aufzumachen und den Eintopf nur noch aufzuwärmen, statt in stundenlanger Arbeit selber einen herzustellen.

Die Zusammensetzung der Mahlzeiten änderte sich ebenfalls. Der tierische Anteil erhöhte sich, der pflanzliche Anteil wurde kleiner und die komplexen Kohlenhydrate wurden zu einem Großteil vom Teller verdrängt. Statt Vollkornmehl wurde immer mehr Auszugsmehl verarbeitet, der Ballaststoffgehalt in der Ernährung ging zurück. Weil die Tiere in der Massentierhaltung nicht mehr artgerecht gefüttert wurden, veränderte sich auch die Zusammensetzung des Nährstoffgehaltes im Fleisch dieser Tiere.

Zivilisationserkrankungen – Erkrankungen aus ungesunder Lebensweise – nahmen bei Menschen, aber auch bei Hunden zu. Auch wenn die Hunde mit Futter ernährt wurden, das speziell für ihre Bedürfnisse kreiert wurde, enthielten diese Futtermittel die gleichen Nahrungsmittel (bzw. Nebenprodukte aus der Lebensmittelherstellung) wie die für Menschen. Die starken Verarbeitungsprozesse führten dazu, dass viele der natürlichen Nährstoffe im Endprodukt nicht mehr vorhanden waren, sodass sie durch synthetische Nährstoffe ersetzt werden mussten, denen viele natürliche Begleitstoffe fehlen.

Die Zunahme der Erkrankungen blieb nicht ohne Folgen. Ein Nahrungsmittel, das viele tausende Jahre sowohl für uns als auch unsere Hunde ein Grundnahrungsmittel dargestellt hatte, geriet in Verruf – das Getreide. Getreide sollte auf einmal an vielen Erkrankungen schuld sein, obwohl sein Anteil in der menschlichen Ernährung in den letzten 100 Jahren sogar zurückgegangen ist. Die „low carb"-Ernährung wurde modern und der Werbeslogan „Getreidefrei" hielt auf den Futtermittelverpackungen Einzug. Im gleichen Zug wurde ein hoher Fleischanteil im Hundefutter Trend. Man erinnerte sich daran, dass der Hund vom Wolf abstammt und wollte ihn wieder „artgerecht" füttern. Dabei wurde außer Acht gelassen, dass diese Fleischberge nur zur Verfügung stehen, weil wir eine Intensivtierhaltung haben.

Mitte des letzten Jahrhunderts hielt das Fastfood Einzug – für Mensch und Hund.

Die Clean-Feeding-Grundsätze

Mit der heute praktizierten Form der Ernährung schaden wir nicht nur uns, sondern u. a. auch der Umwelt und den Nutztieren. Doch immer mehr Menschen denken um und wollen für sich selber und ihre Haustiere eine Ernährung, die die Gesundheit fördert, nachhaltig ist, die Umwelt unterstützt und eine artgerechte Haltung der Nutztiere zulässt.

Bewusste Ernährung ist Trend, was sich mittlerweile sogar bei den Discountern und vielen Futtermittelherstellern bemerkbar macht. Die Clean-Feeding-Grundsätze können Ihnen helfen, den Futternapf Ihres Hundes wieder „sauberer" zu gestalten. Dabei geht es nicht darum, diesen Grundsätzen dogmatisch zu folgen, schon kleine Schritte können viel Veränderung bringen. Vielleicht ist Ihre Motivation, dieses Buch zu lesen, darauf begründet, dass Sie Ihre eigene Ernährung schon sehr verändert haben. Wer sich selber bewusst ernährt und z. B. kein Fleisch oder nur wenig Fleisch aus artgerechter Haltung isst, dem widerstrebt es irgendwann, seinen Hund mit Fleischbergen aus Massentierhaltung zu füttern. Vielleicht ist es aber auch genau anders herum und Sie fangen beim Hund an. So oder so können die folgenden Möglichkeiten der Veränderung Ihnen helfen, sowohl Ihren Hund als auch sich selbst wieder bewusster, gesünder und mehr im Einklang mit der Natur zu ernähren.

Naturbelassene Nahrungsmittel sind die besten Nährstofflieferanten.

Gemüse und Obst liefern auch dem Hund viele gute Nährstoffe mitsamt den Begleitstoffen.

SCHONENDE VERARBEITUNG

Naturbelassene Nahrungsmitteln enthalten die natürliche Form der Nährstoffe inklusive all ihrer Begleitstoffe, jede Verarbeitung wirkt sich darauf aus. Manche Nahrungsmittel müssen aber einen bestimmten Verarbeitungsprozess durchlaufen, damit sie für uns Menschen und unsere Hunde überhaupt genießbar sind. Kartoffeln beispielsweise müssen gekocht werden. Sie enthalten unverdauliche Stärke, die erst durch den Kochvorgang verdaulich wird. Gemüse muss für den Hund, der nicht kaut, zerkleinert oder gegart werden, damit er die Nährstoffe verwerten kann. Getreideprodukte müssen ebenfalls zerkleinert und manche auch erhitzt werden, damit sie verdaulich werden. Beim Fleisch entscheidet man sich oft für eine Erhitzung, um den möglichen Keimgehalt zu senken, zudem wird es so leichter verdaulich.

Darüber hinaus sollte man jedoch darauf achten, die Nahrungsmittel so wenig wie möglich zu verarbeiten, bzw. Nahrungsmittel einzukaufen, die möglichst wenig verarbeitet wurden. Die weiteren Verarbeitungsvorgänge sollte man schonend gestalten. Nicht alle Nährstoffe reagieren empfindlich auf Erhitzung, manche Nährstoffe profitieren auch davon oder lösen sich lediglich aus dem Nahrungsmittel und gehen ins Kochwasser über. Diesen Faktor macht man sich z. B. beim Kochen von Knochensuppe zunutze. Verarbeitung ist also nicht immer schlecht, es kommt auf die Verarbeitung und die Nahrungsmittel an.

Die Herkunft der Nahrungsmittel bestimmt ihre Qualität.

NACHHALTIGE HERKUNFT

Die Herkunft der Nahrungsmittel ist ein wichtiger Faktor. Tiere in der Massentierhaltung können sich nicht mehr artgerecht ernähren. Statt auf der Weide Gras zu fressen, werden sie mit Getreideprodukten und Soja gefüttert. Soja liefert den Nutztieren vor allem Eiweiß und wird zum größten Teil aus Südamerika importiert. Diese Fütterung wirkt sich auf die Nährstoffzusammensetzung im Fleisch aus. Schon 2004 fand das Forschungsinstitut für die Biologie landwirtschaftlicher Nutztiere in einer Untersuchung heraus, dass der Gehalt an den gesunden Omega-3-Fettsäuren im Fleisch von Tieren aus Weidenhaltung deutlich höher ist als bei denjenigen, die mit Getreide und Soja gefüttert werden. Weitere negative Faktoren sind die Belastung mit Medikamentenrückständen wie Antibiotika oder auch Hormonen.

Gemüse und Obst aus konventionellem Anbau kann mit Pestiziden belastet sein, die im Verdacht stehen, umwelt- und gesundheitsschädigend zu

Fleisch von Weidetieren enthält eine bessere Zusammensetzung der Nährstoffe.

sein. Im Bio-Anbau werden Gemüse und Obst kaum mit Pestiziden behandelt und sind entsprechend weniger belastet. Je weiter das Obst und Gemüse reisen muss, desto länger ist die Ernte her, was zum nächsten Punkt führt.

REGIONAL UND SAISONAL

Gemüse und Obst enthalten viele gute Nährstoffe sowie Begleitstoffe wie z. B. sekundäre Pflanzenstoffe. Der Gehalt an diesen Stoffen richtet sich auch nach den Bedingungen von Anbau und Ernte. Lange Transportwege und Lagerungen können zudem Nährstoffverluste mit sich bringen. Je kürzer der Transportweg, umso frischer und wahrscheinlich reicher an Nährstoffen ist die Ware. Auch die Umwelt wird durch die langen Transporte belastet. Besonders belastet ist dabei Gemüse und Obst, das mit dem Flugzeug transportiert werden muss. Wenn das regionale Gemüse und Obst Saison hat, ist i. d. R. eine große Menge vorhanden, was sich auch beim Preis positiv bemerkbar macht. Die Fütterung von saisonalen Gemüse- und Obstsorten macht den Speiseplan des Hundes automatisch abwechslungsreicher, wodurch er mit vielen guten Nährstoffen versorgt wird. Ein schöner Nebeneffekt ist, dass man ein besseres Gespür für die Jahreszeiten entwickelt und sich der Natur wieder etwas mehr annähert. Mit einem regionalen Einkauf unterstützt man zudem die eigene Region und ihre heimischen Erzeuger.

GESUND, AUSGEWOGEN UND BEKÖMMLICH

Ein wichtiger Faktor gesunder Ernährung ist auch die Zusammenstellung der Nahrungsmittel. Nur weil Möhren gesund sind, ist es noch lange nicht gesund ausschließlich Möhren zu essen oder zu füttern. Die Hauptaufgabe der Nahrungsmittel ist die Versorgung mit Nährstoffen. Um ein möglichst großes Spektrum der Nährstoffe zu liefern, ist es hilfreich, die Ernährung abwechslungsreich zu gestalten. Das kann man gut unterstützen, indem man sich an den Jahreszeiten orientiert und saisonal füttert. Einseitigkeit und Extreme sollten vermieden werden.

Saisonale und regionale Fütterung bringt Abwechslung in den Napf.

Welpen und Junghunde haben einen anderen Nährstoffbedarf als erwachsene Hunde.

Natürlich haben Hunde einen etwas anderen Nährstoffbedarf als Menschen. So ist z. B. ihr Proteinbedarf etwas höher und auch etwas anders. Im Vergleich haben Menschen einen deutlich höheren Energiebedarf, was u. a. damit zusammenhängt, dass ein recht großer Teil der Energie für die Gehirnleistungen benötigt wird. Die Zusammenstellung der Rationen sollte auf den hündischen Bedarf abgestimmt sein, hinzu kommen die individuellen Parameter.
Die Bedürfnisse eines Hundes können z. B. je nach Rasse unterschiedlich sein, zudem müssen individuelle Verträglichkeiten berücksichtigt werden, die sich auch nach den Lebensumständen, bestehenden Erkrankungen oder Vorgeschichte richten können.

ÜBERSCHAUBARE UND VERSTÄNDLICHE ZUTATENLISTEN

Nicht jeder möchte die Hundeernährung komplett selber gestalten und greift hin und wieder oder regelmäßig zu Fertigfutter. Das Angebot an Futtermitteln ist riesig und für Hundehalter unüberschaubar. Und die Deklarationen auf den Verpackungen sind oft nicht wirklich aufschlussreich.
Aktuell ist sogenanntes „Clean Labeling“ sehr angesagt. Unter Clean Labeling versteht man die Hinweise auf Produkte bezüglich Zutaten, die

NICHT enthalten sind. Beim Hundefutter sind das z. B. Hinweise wie „ohne Zusatzstoffe“, „Getreidefrei“, „Zuckerfrei“, „ohne Geschmacksverstärker“, „ohne Farbstoffe“, „ohne Aromastoffe“, „ohne Konservierungsstoffe“, neuerdings sogar „Glutenfrei“. Diese Bewerbungen richten sich danach, was von den Verbrauchern gerade besonders abgelehnt wird, sind jedoch kein Qualitätsmerkmal. Gerne wird mit fehlenden Zutaten geworben, die sowieso im Hundefutter nichts zu suchen hätten, wie z. B. Zucker. Natürlich müssen die Hersteller sich an ihr Werbeversprechen halten. Wenn auf der Verpackung steht „ohne Farbstoffe“ dürfen keine Stoffe enthalten sein, die unter die Kennzeichnung Farbstoffe fallen. Das bedeutet jedoch nicht, dass keine Stoffe enthalten sind, die nur zugefügt wurden, um dem Produkt eine bestimmte Farbe zu geben. Es dürfen nur eben keine „offiziellen“ Farbstoffe enthalten sein. Grundsätzlich ist die Deklaration auf den Futtermitteln für den Otto-Normal-Verbraucher oft nur schwer zu entschlüsseln und es muss auch nicht alles drauf stehen, was tatsächlich drin ist. Nicht zuletzt kommt es also darauf an, wie vertrauenswürdig ein Futtermittelhersteller ist. Grundsätzlich sollte man besser von Futtermitteln absehen, die ellenlange Zutatenlisten haben, wohlmöglich noch so klein gedruckt, dass man sie kaum lesen kann. Auch Futter mit Inhaltsstoffen, die man nicht kennt, sollte man im Regal stehen lassen.

1

2

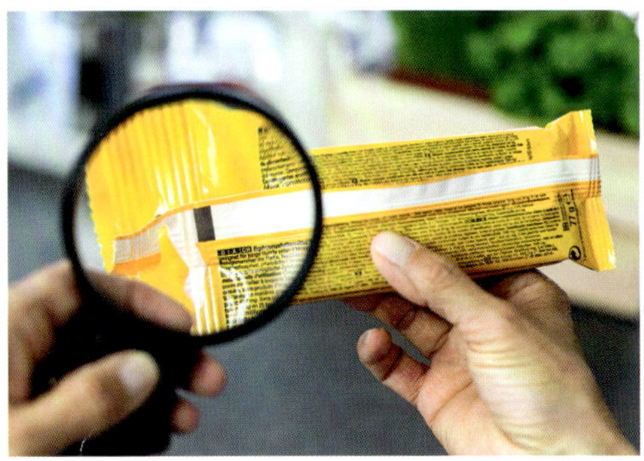

3

1 Trockenfutter: Man kann an den Kroketten nicht erkennen, was drin ist.

2 Nassfutter: Auch auf der Dose steht nicht unbedingt alles drauf.

3 Oft kann man die Deklaration kaum lesen.

„Man soll dem Leib etwas Gutes bieten, damit die Seele Lust hat, darin zu wohnen.“

Winston Churchill

WAS KOMMT IN DEN SAUBEREN

FUTTERNAPF?

ZU VIEL OBST

kann zu Durchfall führen.

Pflanzliche Nahrungsmittel

Pflanzliche Nahrungsmittel spielen beim Clean Feeding eine wichtige Rolle. Man füttert weniger tierische Bestandteile als sonst üblich, da man dabei auf Klasse statt Masse setzt.

Viele vergessen, dass pflanzliche Nahrungsmittel ebenfalls Protein liefern, den wichtigsten Nährstoff der tierischen Nahrungsmittel. Auch diese pflanzlichen Proteine können Hunde verwerten, wenn auch nicht ganz so effektiv wie die tierischen. Darin unterscheiden sie sich nicht sehr von Menschen, die ja ebenfalls Tiere sind und am effektivsten tierische Proteine nutzen können. Natürlich haben pflanzliche Nahrungsmittel noch weitaus mehr zu bieten. Sie sind reich an verschiedenen Nährstoffen und liefern eine Fülle natürlicher Begleitstoffe gleich mit

OBST

In der Hundeernährung spielt Obst eine eher kleine Rolle, was damit zu tun hat, dass überhöhte Mengen die Kotkonsistenz beeinflussen und zu weichem Kot bis Durchfall führen können. Manche Hunde reagieren bei Zitrusfrüchten auch empfindlich auf den hohen Säuregehalt. In kleinen Mengen kann Obst die hündische Ernährung aber durchaus aufwerten. Früchte enthalten neben einem hohen Wasseranteil geringe Anteile Kohlenhydrate, Mineralstoffe, Vitamine und Begleitstoffe wie sekundäre Pflanzenstoffe.

1

2

TIPP

Füttern Sie saisonales und regionales Obst, bekommt Ihr Hund eine große Vielfalt an Nährstoffen.

Wie Menschen können auch Hunde aufgrund eines fehlenden Enzyms das wichtigste Strukturkohlenhydrat in Pflanzen, die Zellulose, nicht aufspalten. Da Hunde ihre Nahrung im Gegensatz zu Menschen nicht kauen, sollte Obst ebenso wie auch Gemüse in zerkleinerter Form oder gegart gefüttert werden. So wird die Zellulose zumindest teilweise aufgeschlossen und die Nährstoffe können verwertet werden. Im Darm kann ein Teil der Zellulose auch von Darmbakterien abgebaut und zu kurzkettigen Fettsäuren verarbeitet werden, die für die Darmgesundheit sehr wichtig sind.

Geeignete Obstsorten

Für den Hund eignen sich die meisten Obstsorten gut, die auch wir Menschen essen. Bei Zitrusfrüchten muss man aufpassen, wie der Hund die enthaltene Säure verträgt.
Pflaumen und Zwetschgen sollten nur in geringen Mengen gefüttert werden, da sie eine abführende Wirkung haben können.
Ganz verzichten sollte man auf Weintrauben (ebenso auf Rosinen!) da diese eine stark giftige Wirkung bei Hunden haben können.
Bananen haben einen hohen Stärkeanteil und liefern daher viel Energie. Um die Stärke effizient aufschließen

1 Äpfel sind fast ganzjährig aus heimischem Anbau verfügbar, Birnen sind leicht verdaulich.

2 Bananen sind auch gute Energielieferanten, Erdbeeren sind reich an Vitamin C.

3 Heidelbeeren sind heimisches „Superfood".

zu können, kann man Bananen beispielsweise gegart füttern.
Bei Steinobst sollten immer die Kerne entfernt werden. Zum einen können diese giftige Substanzen enthalten, zum andern können sie zu gefährlichen Darmverschlüssen führen.
Wird Obst roh verfüttert, sollte es geschreddert oder püriert werden, damit der Hund die Nährstoffe aufnehmen kann.
Falls es gekocht wird, sorgt eine schonende Erhitzung wie Dampfgaren dafür, dass nicht so viele Nährstoffe zerstört werden, während andere Nährstoffe durch die Erhitzung besser verfügbar werden.

3

GEMÜSE

Gemüse liefert neben einem geringen Anteil Kohlenhydrate auch Vitamine, Mineralstoffe sowie sekundäre Pflanzenstoffe. Hunde können so ziemlich alle Gemüsesorten fressen, die auch wir Menschen verzehren.

Bei Knoblauch und Zwiebeln sollte man vorsichtig sein, da sie in größeren Mengen giftig für Hunde sind. Schon Paracelsus traf die Aussage, dass die Dosis das Gift macht. Das trifft auch auf Zwiebeln und Knoblauch zu. Da sie beim Kochen nur in geringen Mengen genutzt werden, ist es normalerweise kein Problem, wenn der Hund Reste vom menschlichen Essen bekommt, in dem Knoblauch oder Zwiebeln verarbeitet wurden. Die toxische Wirkung wird mit jeweils **5 g pro kg Körpergewicht** beschrieben.

Nachtschattengewächse

Vielleicht haben Sie gehört, dass Hunde keine Nachtschattengewächse wie Tomaten fressen dürfen. Zu den Nachtschattengewächsen, die wir essen, gehören Kartoffeln, Paprika, Tomaten und Auberginen. Das enthaltene Alkaloid Solanin ist eine für Menschen und für Hunde schwach giftige Substanz. Auch hier ist die Dosis ein wichtiger Faktor, zumal in den modernen Gemüsesorten der Solaningehalt deutlich reduziert ist. Je reifer das Gemüse geerntet wurde, desto geringer ist der Solaningehalt. Aus diesem Grund enthalten grüne Paprika mehr Solanin als rote.

TIPP

Auch wenn Sie ansonsten gekochte Rationen füttern, wäre es gut, zumindest ab und zu rohes, zerkleinertes oder püriertes Gemüse zu füttern. Der Hund erhält auf diesem Weg noch einige gute Nährstoffe, wie sekundäre Pflanzenstoffe oder Enzyme, die bei einer Erhitzung teilweise zerstört werden.

Mangold ist ein heimisches Gemüse und hat im Herbst Saison.

Reife, rote Tomaten und rote Paprika dürfen Hunde fressen, grüne Stellen sollten jedoch entfernt werden. Kartoffeln sollten gut durchgekocht werden, da Solanin durch Erhitzung ausgelöst wird und so ins Kochwasser übergeht. Grüne Stellen an Kartoffeln oder farbige Keimlinge sind ein Hinweis auf die Bildung von Solanin und sollten großzügig entfernt werden. Da Licht dabei eine große Rolle spielt, sollten Kartoffeln immer dunkel gelagert werden.
Auberginen werden oft unreif geerntet und haben einen vergleichsweise hohen Solaningehalt, daher sollten sie ebenfalls nur gekocht gefüttert werden.

Roh oder gekocht füttern?

Die meisten Gemüsesorten kann man roh füttern. Bei den Kohlsorten muss man etwas auf die Verträglichkeit des individuellen Hundes achten und man füttert diese am besten nur in kleinen Mengen. Vor allem wenn Hunde nicht an Kohl gewöhnt sind, kann es anfangs zu Blähungen kommen.
Wird das Gemüse roh verfüttert, sollte es geschreddert oder püriert werden, damit der Hund die Nährstoffe aufnehmen kann. Eine Erhitzung sollte am besten schonend erfolgen, damit nicht so viele Nährstoffe zerstört werden. Gegartes Gemüse muss nicht mehr zerkleinert werden, da es durch die Erhitzung schon „aufgeschlossen" ist. Einige Nährstoffe können durch eine Erhitzung viel besser verwertet werden, so z. B Vitamin A.

1

2

1 Im Mixer kann man das Gemüse schreddern oder pürieren.

2 Garen macht manche Nährstoffe besser verfügbar.

GEMÜSE FERMENTIEREN

Fermentierung ist eine Art der Haltbarmachung, wie sie früher oft angewendet wurde. Unter Luftausschluss gärt das Gemüse, wodurch sich Enzyme, Bakterien, wie z. B. Milchsäurebakterien, aber auch Nährstoffe, wie z. B. B-Vitamine bilden. Auch für Hunde kann fermentiertes Gemüse eine gesunde Ernährung unterstützen.

Viele kennen und schätzen eingemachtes Sauerkraut, man kann aber natürlich auch andere Gemüsesorten fermentieren. Am besten eignen sich feste Gemüsesorten, die nicht matschig werden. Sie können es vom Saisonkalender abhängig machen, welches Gemüse Sie fermentieren.

REZEPT

Zutaten

- 1 Liter Einmachglas o. Ä. (es gibt auch Gefäße mit Gärdeckel)
- etwa 700 g Gemüse (z. B. Möhren, Kürbis, Gurke)
- etwas Wasser
- ca. 1 TL Salz
- zum Beschweren: Stein, Kohlblatt, kleine Tasse, 1 Stück Möhre o. Ä.

So wird's gemacht

1.

Schneiden oder raspeln Sie das Gemüse klein und füllen es in das Glas. Drücken Sie es mit einem Kochlöffel oder Ähnlichem fest zusammen, sodass keine Luft dazwischen ist und die Flüssigkeit austritt.

2.

Rühren Sie das Salz in das Wasser ein und geben Sie die Flüssigkeit ins Glas, sodass das Gemüse bedeckt ist.

3.

Damit das Gemüse auch unter dem Wasser bleibt, geben Sie obenauf z. B. ein Kohlblatt mit einem Stein beschwert. Es ist wichtig, dass das Gemüse komplett unter der Flüssigkeit bleibt!

4.

Nun Deckel drauf (Gläser mit Schraubverschluss nicht ganz zudrehen!) und die Fermentierung kann losgehen. Lassen Sie das Gemüse ca. 1 Woche bei Raumtemperatur fermentieren.

Tipp

Sie können Ihrem Hund zum frischen Gemüse jeden Tag einen Teil fermentiertes Gemüse geben.

GETREIDE UND KOHLENHYDRATE

Kohlenhydrate sind für den Hund wie auch für den Menschen kein essentieller Nährstoff, was bedeutet, dass sie nicht zwingend erforderlich sind. Trotzdem erfüllen Kohlenhydrate wichtige Aufgaben: Sie liefern Energie und wichtige Ballaststoffe, außerdem weitere Nährstoffe wie Mineralstoffe, Vitamine und in geringen Mengen Proteine und Fettsäuren.

Lieferanten für Kohlenhydrate sind vor allem Kartoffeln und Getreideprodukte, wobei auch Gemüse und Obst kleine Mengen enthalten. Hunde können Kohlenhydrate, die durch Zerkleinerung und/oder Hitzebehandlung bearbeitet wurden, gut verwerten. In der Bauchspeicheldrüse wird dafür das entsprechende Enzym Amylase gebildet. Wie hoch die Amylasebildung ist, kann sich von Rasse zu Rasse unterscheiden. Ähnlich wie beim Menschen hat die Amylasebildung mit der Herkunft zu tun, je üblicher die Ernährung mit Kohlenhydraten am Ursprungs- oder Herkunftsort ist, desto besser kann der Hund Kohlenhydrate verwerten. Orientalische Windhunderassen sind i. d. R. sehr gut an eine Ernährung mit hohen

1

2

1 Für die meisten Windhunderassen zählt Getreide zur natürlichen Ernährung.

2 Hunde können Kartoffeln und Co. gut verwerten.

3 Brot war lange Zeit ein wichtiges Nahrungsmittel für Hunde.

Anteilen Getreide angepasst, während nordische Hunderassen wie z. B. Huskies weniger gut damit zurechtkommen. Grundsätzlich lohnt es sich daher immer, bei der Hundeernährung auch die Herkunft der Rasse zu berücksichtigen.

IST GETREIDE SCHLECHT FÜR HUNDE?

Getreide hat in den letzten Jahren einen schlechten Ruf in der Hundeernährung bekommen. Aktuell findet man auf vielen Hundefuttermitteln „Clean-Label“ wie „Getreidefrei“ oder sogar „Glutenfrei“. Viele Hundehalter glauben, diese Hinweise wären ein Merkmal für ein besonders hochwertiges Produkt. Dem ist jedoch nicht so, diese Hinweise folgen lediglich einem Trend, den es auch in der menschlichen Ernährung gibt.

Getreide hat seit der neolithischen Revolution, die vor etwa 10 000 Jahren stattfand, auch in der Hundeernährung eine wichtige Rolle gespielt. Womit man Hunde gefüttert hat, kam vor allem darauf an, was den Menschen zur Verfügung stand. Erst durch die Intensivtierhaltung verfügten die Menschen über große Mengen Fleisch. Bis dahin war Fleisch ein teures Nahrungsmittel, für einen Großteil der Menschen sogar ein Luxusgut, das meist auch nur in entsprechend kleinen Mengen im Futternapf landete. Besonders die ärmeren Bevölkerungsschichten ernährten sich hauptsächlich von Getreide.

3

Glutenfrei füttern – ist das nötig?

Weizen ist eine der ältesten Getreidesorten und stellt nicht zuletzt aufgrund seines Glutengehaltes in vielen Ländern ein Grundnahrungsmittel dar. Gluten ist ein Klebereiweiß und damit verantwortlich dafür, dass Mehl so gut zu Brot verarbeitet werden kann. Nur ein sehr geringer Teil der Menschen leidet an der Zöliakie, einer Unverträglichkeit von Gluten. Diese Erkrankung ist genetisch bedingt und betrifft etwa 0,5 – 1 % der Bevölkerung. Bei Hunden wurde bisher nur beim Irish Setter eine vergleichbare Erkrankung festgestellt. Eine glutenfreie Ernährung ist nur dann sinnvoll, wenn der Hund an einer diagnostizierten Erkrankung leidet, die dies erforderlich macht.

Getreide als Allergieauslöser?

Häufig wird auch angeführt, Getreide würde bei Hunden ein potenziell großes Risiko für Allergien liefern. Nach wie vor ist jedoch Rindfleisch der Hauptauslöser für Allergien bei Hunden. Allergien gehören zu einer Vielzahl von Erkrankungen, die in einem engen Zusammenhang mit dem Darm stehen. Ein gesunder Darm ist nicht zuletzt auch davon abhängig, wie er mit Ballaststoffen versorgt wird, die zu den Kohlenhydraten zählen. Vollkorngetreide ist ein sehr guter Lieferant von Ballaststoffen und damit ein wichtiger Bestandteil der Hundeernährung.

Gekochte Kohlenhydrate

Als gekochte Kohlenhydrate eignen sich in der Hundeernährung gut Naturreis, Vollkornnudeln, Kartoffeln oder Süßkartoffeln. Diese werden für den Hund etwa so zubereitet wie für den Menschen. Achten Sie darauf, alles weich zu kochen, damit der Hund, der nichts kaut, die Nährstoffe gut aufnehmen kann.
Außerdem können Sie Getreide wie Hafer, Dinkel, Weizen, Gerste, Hirse oder Pseudogetreide wie Amaranth, Buchweizen oder Quinoa füttern.
Sie können Getreidekörner mit einer Getreidemühle oder einer Kaffemühle direkt vor der Zubereitung selber mahlen, dann sind die meisten Nährstoffe enthalten. Das gemahlene Getreide sollte über Nacht in etwas Wasser eingeweicht werden, um den Gehalt an Phytinsäure zu reduzieren. Eine Ausnahme bildet Hafer, diesen müssen Sie nicht einweichen.

Im Handel gibt es viele verschiedene Getreideflocken, die Sie ebenfalls nutzen können. Hirseflocken sollten Sie ca. 30 Minuten vor der Fütterung einweichen, damit sie besser verdaulich werden, oder Sie kochen diese kurz auf und lassen sie einige Minuten quellen. Quinoa sollte etwa 20 Minuten gekocht werden und dann noch etwa 15 Minuten aufquellen. Auch Brot dürfen Hunde fressen, am besten natürlich ein vollwertiges Vollkornbrot. Die beliebte Leberwurststulle beim Sonntagsfrühstück ist also durchaus erlaubt. Falls Sie bisher kein Getreide gefüttert haben, fangen Sie mit kleinen Mengen an, damit es nicht zu Verdauungsstörungen wie Blähungen kommt. Die Darmbakterien müssen sich erst an den erhöhten Gehalt an Ballaststoffen gewöhnen und entsprechend anpassen.

Bisher ist eine Glutenunverträglichkeit wie die Zöliakie nur beim Irish Setter bekannt.

Tomaten, Haferflocken oder auch Chicorée enthalten tolle Ballaststoffe.

BALLASTSTOFFE

Als Ballaststoffe bezeichnet man den unverdaulichen Teil der Kohlenhydrate. Dabei handelt es sich um Strukturkohlenhydrate der Pflanzen, für deren Verwertung sowohl Mensch als auch Hund keine Enzyme haben. Da sie nicht aufgespalten werden können, wandern die Ballaststoffe unverdaut in den Dickdarm und können dort von den Darmbakterien als Nahrung genutzt werden.

Wie wichtig der Darm und seine Mikroorganismen für die Gesundheit sind, wird erst in den letzten Jahren durch die Forschung entdeckt. Die Bezeichnung Ballaststoffe lässt darauf schließen, dass es sich dabei lediglich um „Ballast“ handelt, der überflüssig ist. Dem ist jedoch nicht so, denn die damit genährten Darmbakterien erfüllen viele wichtige Aufgaben im Organismus. Heute werden Ballaststoffe daher auch als Präbiotika bezeichnet.

NICHT EINFACH NUR BALLAST!

Ballaststoffe liefern Nahrung für gute Darmbakterien, sättigen, sorgen für eine bessere Nährstoffaufnahme, regulieren den Blutzuckerspiegel, senken den Cholesterinspiegel, können die Kotkonsistenz und die Darmtätigkeit regulieren sowie Übergewicht entgegenwirken.

Schauen wir uns einige wichtige Ballaststoffe etwas näher an:

INULIN

Inulin ist ein Nicht-Stärke-Kohlenhydrat und gehört somit zu den Fructanen. Fructane sind wasserlösliche Mehrfach- und Vielfachzucker, die in einigen Pflanzen Stärke als Speicherkohlenhydrat ersetzen oder ergänzen. Inulin wird von Laktobazillen und Bifidobakterien, die zur typischen Flora im hündischen Darm gehören, als Nahrung genutzt.
Nahrungsmittel, die besonders viel Inulin enthalten, sind Chicorée, Schwarzwurzeln, Topinambur, Pastinaken, Spargel oder auch Artischocken. Geringe Mengen finden sich z. B. auch in Weizenkleie und Bananen.

PEKTIN

Pektin ist ein pflanzlicher Mehrfachzucker und eine wichtige Gerüstsubstanz in den Zellwänden von Pflanzen. Es ist ebenfalls wasserlöslich und bildet dabei Gele, weshalb viele Pektin als Geliermittel kennen. Daher rührt auch der Name, Pektin kommt vom griechischen „pektos", was übersetzt gelieren/erstarren heißt. Im Darm kann Pektin sich positiv auf den pH-Wert auswirken, wodurch ein besseres Milieu entsteht, was z. B. auch zur Entlastung von Leber und Nieren beiträgt. Außerdem wird es auch von guten Darmbakterien als Nahrung genutzt, wodurch diese kurzkettige Fettsäuren bilden können.

Besonders reich an Pektin sind die schon erwähnten Apfeltrester, die Schalen von Zitrusfrüchten oder Rübentrester. Geringe Anteile enthalten auch die anderen Gemüse- und Obstsorten.

FOS

Fructooligosaccharide, kurz FOS genannt, werden häufig in Fertigfutter zugesetzt, um die Verdauung positiv zu beeinflussen. Hierbei handelt es sich um einen Mehrfachzucker, der von den Verdauungsorganen nicht abgebaut werden kann und als Nahrung für die Darmbakterien dient. FOS können dazu beitragen, die Schutzfunktion der Darmschleimhaut zu stärken, regen die Darmtätigkeit an und unterstützen die Bildung von Bifidobakterien und Laktobazillen, die zu den guten Darmbakterien zählen. Roggen, Hafer, Bananen, Tomaten oder auch Spargel enthalten FOS.

1 Chicorée enthält Inulin, Tomaten und Haferflocken enthalten FOS.

2 In Bananen sind viel Inulin und FOS enthalten.

3 Kartoffeln sind Lieferanten von resistenter Stärke.

4 In Brot können resistente Stärke, aber auch Inulin und FOS enthalten sein.

1

RESISTENTE STÄRKE

Stärke ist zunächst einmal ein Kohlenhydrat, das in pflanzlichen Zellen einen der wichtigsten Reservestoffe bildet. Nach entsprechender Vorbereitung wie Zerkleinerung und/oder Erhitzung der stärkereichen Nahrungsmittel können Hunde mithilfe des Enzyms Amylase Stärke als Energielieferant verwerten. Durch Erhitzung verändert sich die Stärke in Nahrungsmitteln und wird verdaulich. Beim anschließenden Abkühlen wandelt sich ein kleiner Teil dieser verdaulichen Stärke dann wieder in resistente Stärke um, Stärke also, die resistent ist gegen eine enzymatische Aufspaltung. Die resistente Stärke wandert in den Dickdarm, wo sie guten Darmbakterien als Nahrung dient und so besonders die Bildung von Buttersäure unterstützt. Nahrungsmittel, die einen recht hohen Anteil resistenter Stärke enthalten, sind unreife Bananen, kernige Haferflocken, abgekühlte Kartoffeln, Reis und Haferbrei, Vollkornbrot, Hirse und auch Hülsenfrüchte.

2

3

4

Der Darm und seine Bewohner

Jeder Hund hat eine individuelle Besiedlung mit Kleinstlebewesen im Darm. Diese Besiedlung nennt man Mikrobiota, umgangssprachlich auch Darmflora.

Dazu zählen alle ...

- Bakterien,
- Pilze,
- Viren,
- Protozoen (Einzeller mit Zellkern), die den Darm bewohnen.

Lange hat man geglaubt, dass es sich bei diesen Mikroorganismen, die zu einem Großteil aus Bakterien bestehen, vor allem um pathogene, also krankmachende Keime handelt.

Neue Sichtweise auf Mikroben

Seit einigen Jahren wird die Mikrobiota bzw. das Mikrobiom, das die Gesamtheit der Mikroben inklusive ihrer Gene bildet, intensiv erforscht, was zu einer ganz neuen Sichtweise auf die Mikroben geführt hat. Mittlerweile weiß man, dass die Mikroorganismen eine ganze Reihe Aufgaben im Organismus erfüllen, sie leben mit ihm in einer Symbiose.

Aufgaben der Mikroorganismen sind zum Beispiel:

- Unterstützung der Verdauung und der Resorption von Nährstoffen
- Produktion von Nährstoffen
- Produktion von kurzkettigen Fettsäuren (z. B. Buttersäure), die einen positiven Einfluss auf die Gesundheit haben
- Versorgung der Darmschleimhaut mit Nährstoffen
- Abwehr pathogener Keime
- Produktion antibakterieller Substanzen
- Neutralisierung von Toxinen und Schadstoffen
- Unterstützung des intestinalen (im Darm liegenden) Immunsystems

Bei der Geburt geht es los

Die Besiedlung mit Mikroben beginnt bei der Geburt und ist von einer ganzen Reihe Faktoren abhängig, so z. B. Umgebung, Ernährung oder auch medizinischer Versorgung.

Die Stammbesiedlung

In den ersten Lebensmonaten bildet sich eine Art Stammbesiedlung, die den Hund den Rest seines Lebens weitgehend begleiten wird. Diese setzt sich überwiegend aus den Stämmen der Fusobakterien, Bacteroides und Firmicutes sowie geringen Anteilen der Proteobakterien und Actinobakterien zusammen.

Wenn der Darm aus dem Gleichgewicht gerät

Durch Medikamente, Umgebungswechsel, Veränderungen der Ernährung und vieles mehr kann das Gleichgewicht dieses Ökosystems gestört werden. Viele dieser Störungen kann die Darmflora selber regulieren. Kommt es jedoch zu massiven oder wiederholten Störungen, können sich daraus Krankheitsbilder entwickeln, wie z. B. Unverträglichkeiten oder auch Allergien.

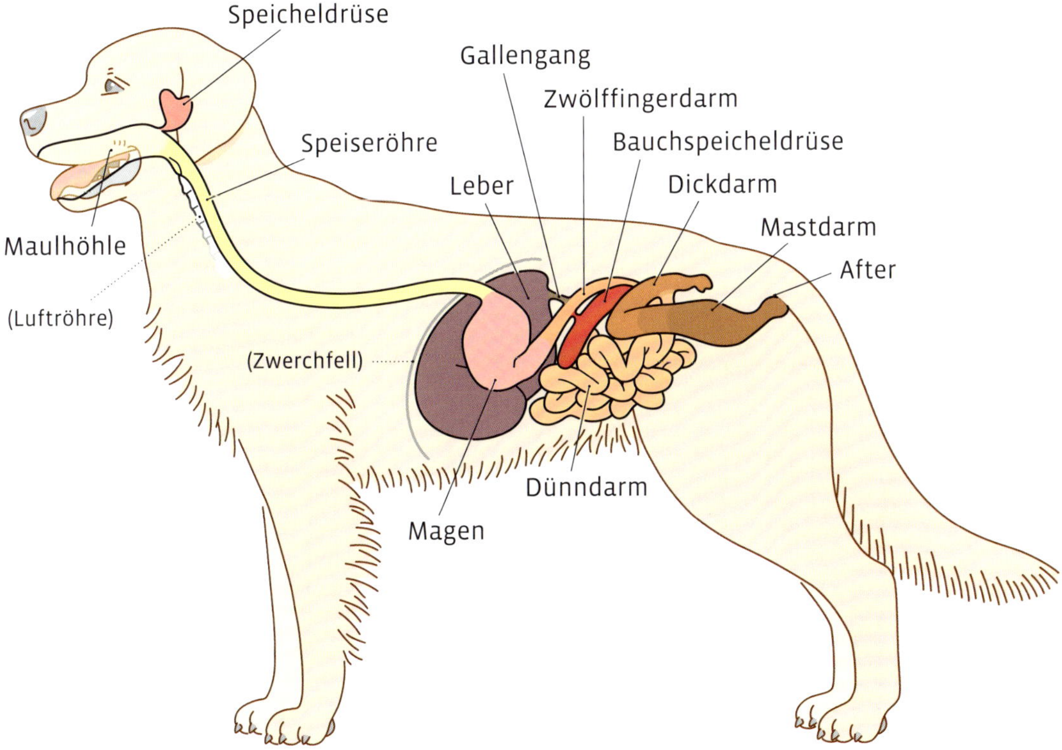

Der Verdauungstrakt des Hundes

1

2

1 Kichererbsen liefern viele Proteine.

2 Paranüsse sind reich an Selen, das wichtig ist für die Schilddrüse.

3 Kräuter können das Hundefutter aufwerten.

4 Sie enthalten viele gute Nährstoffe wie Mineralstoffe, Vitamine und Sekundäre Pflanzenstoffe.

PFLANZICHE PROTEINQUELLEN

Neben anderen Nährstoffen enthalten pflanzliche Nahrungsmittel auch Proteine. Allerdings sind die Proteine aus tierischen Nahrungsmitteln den körpereigenen bei Mensch und Hund ähnlicher und können deshalb besser verwertet werden. Trotzdem können auch pflanzliche Nahrungsmittel der Versorgung mit Proteinen dienen. Wer seinen Hund vegan ernähren möchte, sollte jedoch genau wissen, was er tut, bzw. sich umfangreich beraten lassen, da ein Mangel an Proteinen aufgrund ihrer Wichtigkeit gravierende Folgen haben kann.

Wer den tierischen Anteil lediglich reduzieren möchte, kann hin und wieder auf proteinreiche pflanzliche Nahrungsmittel zurückgreifen. Besonders eigenen sich dafür Hülsenfrüchte wie Kichererbsen, Erbsen, Linsen oder Bohnen. Da es Hülsenfrüchten an den essentiellen schwefelhaltigen Aminosäuren Methionin und Cystin mangelt, kann man die Hülsenfrüchte z. B. mit Reis oder Hirse kombinieren, die diese Aminosäuren enthalten.

Wenn Sie Ihrem Hund zwischendurch einen Veggie-Tag gönnen möchten, können Sie den tierischen Anteil z. B. durch Hülsenfrüchte ersetzen, dabei sollten Sie auf die Verträglichkeit achten. Kichererbsen werden von vielen Hunden besser vertragen als die anderen Hülsenfrüchte. Aufgrund des hohen Anteils an Ballaststoffen sollte man den Verdauungstrakt langsam daran gewöhnen, sonst kann es zu Verdauungsproblemen wie Blähungen kommen. Die Zubereitung erfolgt wie für Menschen. Dabei sollte man beachten, dass die meisten Hülsenfrüchte vor dem Kochen längere Zeit eingeweicht werden müssen.

Wer nicht genügend Reste von den eigenen Mahlzeiten hat und sich den Aufwand sparen möchte, kann auf Konserven zurückgreifen. Diese sind

BELIEBTE KÜCHENKRÄUTER

Kräuter erleben als Futterzugabe aktuell einen regelrechten Hype. Auch viele Fertigfutter kommen immer öfter mit einer ellenlangen Liste an zugesetzten Kräutern daher. Dabei wird gerne vergessen, dass solche Kräuter alle möglichen Wirkungen haben können, durchaus auch einmal negative oder unerwünschte.

schon entsprechend verarbeitet und können abgegossen sofort in den Futternapf wandern.

NÜSSE, KERNE UND SAMEN

Nüsse, Kerne und Samen enthalten viele gute Nährstoffe wie essentielle Fettsäuren, Vitamine und Mineralstoffe, sie können die Rationen des Hundes sehr gut aufpeppen. Es eignen sich fast alle Sorten, die wir auch selber essen, wie z. B. Walnüsse, Haselnüsse, Paranüsse, Kürbiskerne oder Sonnenblumenkerne.

Wichtig! Nicht gefüttert werden dürfen Macadamianüsse und Bittermandeln, beide sind für Hunde giftig (Bittermandeln auch für Menschen!).

Damit der Hund von den Nährstoffen etwas hat, sollten Sie Nüsse und Co. im Mixer zermahlen, so werden die Nährstoffe aufgeschlossen und können verwertet werden.

3

4

1

2

Der Einsatz von Heilkräutern sollte gezielt erfolgen und nicht nach dem Gießkannenprinzip durchgeführt werden.
Was man ruhig in kleinen Mengen in die Futterrationen geben kann, sind übliche Küchenkräuter, die fast jeder zu Hause hat und die man selber auch sehr häufig oder gar täglich isst.

Petersilie

Petersilie enthält sehr viel Vitamin C, kann die Verdauungsvorgänge anregen, fördert den Appetit, hilft gegen Maulgeruch, regt die Harnorgane an und hat eine vorbeugende Wirkung gegen Blasen- und Nierensteine. Aufgrund der enthaltenen Phytohormone kann Petersilie den Hormonhaushalt beeinflussen. **Trächtige Hündinnen sollten keine Petersilie bekommen, da dies zu Fehlgeburten führen kann.** Bei Scheinschwangerschaft und Scheinmutterschaft kann Petersilie helfen, negative Symptome zu lindern.

Basilikum

Basilikum enthält viele gute Nährstoffe, fördert die Verdauungsvorgänge, hilft gegen Blähungen, regt die Nieren an und wirkt stimmungsaufhellend. Wegen der leicht östrogenartigen Wirkung kann Basilikum die Deckungsbereitschaft der Hündin erhöhen und Symptome der Scheinschwangerschaft und Scheinmutterschaft lindern helfen.

1 Petersilie ist ein toller Lieferant von Vitamin C.

2 Basilikum macht gute Laune.

3 Oregano stärkt die Nerven.

4 Salbei hemmt den Milcheinschuss bei der Hündin.

5 Rosmarin fördert die Fettverdauung.

3

4

5

Oregano

Oregano fördert die Verdauung und regt den Appetit an. Er wirkt beruhigend und stärkt die Nerven, kann Erkältungen lindern, da er schleimlösend und krampflösend wirkt. Auch bei Pilzbefall kann Oregano hilfreich sein.

Salbei

Salbei kann ebenfalls bei Erkältungen hilfreich sein, da er eine antibakterielle und beruhigende Wirkung hat. Auch bei Darmentzündungen oder gegen Blähungen kann er helfen. **Trächtige Hündinnen sollten keinen Salbei bekommen, da der Milcheinschuss gehemmt wird.**

Rosmarin

Rosmarin wirkt appetitanregend und unterstützt die Verdauung, besonders die Fettverdauung. Er hat eine belebende, anregende Wirkung und fördert die Durchblutung. Auch auf Entzündungen wirkt er sich positiv aus und wirkt antibakteriell.

Tierische Nahrungsmittel

Tierische Nahrungsmittel, vor allem Fleisch, werden hierzulande von den meisten als wichtigstes Nahrungsmittel für den Hund eingestuft. Sie dienen vor allem als Lieferanten für Proteine, auf die wir im Kapitel der Nährstoffe noch einen näheren Blick werfen werden.

Aktuell ist es Trend, Hunde mit hohen Fleischanteilen zu füttern. Dabei geht die Qualität jedoch häufig auf Kosten der Quantität. Fleisch ist in den letzten Jahrzehnten ein billiges Nahrungsmittel geworden, entsprechend hat die Qualität abgenommen. Wer beim Einkauf auf die Herkunft achtet, kann den tierischen Anteil im Futternapf sehr aufwerten. Fleisch von Tieren aus Weidehaltung hat ein viel besseres Nährstoffprofil, dafür deutlich weniger Belastung durch Medikamentenrückstände, wie z. B. Antibiotika oder auch Hormone. Hunde benötigen längst nicht so viel Fleisch, wie häufig angenommen wird, und man kann die Mehrkosten für hochwertiges Fleisch dadurch wettmachen, dass man die Menge reduziert.

1

2

1 Achten Sie beim Fleisch lieber auf Qualität, statt auf Quantität!

2 Welpen haben einen erhöhten Proteinbedarf.

BRAUCHEN HUNDE WIRKLICH SO VIEL FLEISCH?

In der Biologie zählen Hunde zu den Allesfressern, ihr Verdauungstrakt hat sich im Laufe der Geschichte an die Ernährung der Menschen angepasst, was ihnen ihr Überleben gesichert hat. Weltweit gibt es etwa 500 Millionen Hunde, der größte Teil davon – schätzungsweise 300 Millionen (Schätzung World Society for the Protection of Animals) – sind Straßenhunde. Diese ernähren sich meist von menschlichen Essenresten, wobei Fleisch eine eher untergeordnete Rolle spielt. Trotzdem sind Straßenhunde in vielen Ländern eine „Plage" und das bei oft gar nicht so schlechtem Gesundheitszustand. Auch in Ländern, wo noch viele Selbstversorger leben (z. B. in Rumänien), ist eine Fütterung mit hohem Fleischanteil unüblich. Es werden Reste gefüttert und z. B. Brot mit „Fleischgeschmack".

Herdenschutzhunde bekamen stets wenig Fleisch, dafür Brot und Milchprodukte.

Das wenige, das den Menschen zur Verfügung steht, essen sie meist selber, Fleischreste für die Hunde gibt es nur wenig. Nun könnte man meinen, die Hunde würden sich an ihre genetischen Vorfahren erinnern und angesichts schlechter Versorgung mit Fleisch wieder zu Jägern werden. Auch das ist nicht der Fall. Selbst Straßenhunde, deren Versorgung mit Nahrung alles andere als gesichert ist, werden selten zum Jäger. Ein von Günther Bloch geführtes Projekt (Tuscany Dog Project) in der Toskana zeigte ebenfalls, dass freilebende Hunde es vorziehen, von den Menschen mit fleischarmer Hausmannskost versorgt zu werden.

Ein Blick auf die Geschichte

Ein Blick auf die Geschichte kann den „Fleischwahn" in der Hundeernährung relativieren. Die Züchtung vieler Hunderassen entstand zu bestimmten Zwecken, fand an bestimmten Orten und unter bestimmten Lebensumständen statt und genau daran haben sich diese Hunderassen über lange Zeiträume angepasst. Hunde, die ihren Job in der Landwirtschaft hatten, wurden mit den Nahrungsmitteln ernährt, die den Bauern zur Verfügung standen. Das war oft Getreide, wenig Fleisch, je nach Nutztieren auch Milchprodukte. Herdenschutzhunde bekamen häufig Milch, Milchprodukte und Brot, je nachdem, was der Hirte zur Verfügung hatte. Windhunde wurden in arabischen Ländern vor allem mit Getreidebreien und Brot gefüttert, Fleisch bekamen sie eher selten.

Hunde wie der Husky dagegen stammen aus nördlichen Regionen, in denen Landwirtschaft aufgrund der klimatischen Bedingungen eine eher kleine Rolle spielte und sind an einen hohen Anteil tierischer Bestandteile – vor allem Fleisch und Fisch – angepasst.

FLEISCHARTEN

Als Fleisch bezeichnet man Muskelgewebe mit Fettgewebe, Bindegewebe und Sehnen sowie bestimmte innere Organe, die für die Ernährung genutzt werden, wobei mit Organen vor allem solche gemeint sind, wie sie unter dem Punkt „Innereien" erläutert werden. Die biologische Wertigkeit von tierischem Eiweiß ist sehr hoch, das heißt, der Hund kann das Eiweiß sehr gut verwerten.

Muskelfleisch

Der „Filetkultur" haben wir es zu verdanken, dass auch immer mehr Hunde nur noch „das Beste" vom Fleisch bekommen sollen, statt der „minderwertigen" Nebenprodukte. Gemeint ist damit das Muskelfleisch, Fleisch also, das vor allem aus Muskel besteht und wenig Bindegewebe enthält.
Dabei gibt es viele Teile vom Tier, die als Nebenprodukte gelten, trotzdem aber sehr hochwertig sind, wie z. B. Kopffleisch, Maulfleisch wie Lefzen, Kronfleisch, Stichfleisch oder Innereien wie Herz, Lunge oder Schlund (siehe Innereien).

Tierarten

Bei den Tierarten hat man heute sehr viel Auswahl, das sind z. B. Rind, Geflügel wie Huhn oder Ente, Wild, Schaf, Ziege, Pferd oder sogar exotische Sorten wie Strauß oder Büffel. Dabei sollte man sich zum einen natürlich nach der Verträglichkeit des Hundes richten, zum anderen aber vor allem danach, welche Tierart man aus guter Quelle beziehen kann.
Grundsätzlich ist es nicht nötig, hier auf viel Abwechslung zu achten, es reicht völlig, wenn man zwei bis drei Tierarten variieren kann.
Ökologisch wertvoll ist es natürlich, möglichst auf Nebenprodukte, die von den Menschen nicht verzehrt werden, zurückzugreifen.

Innereien

Zu den Innereien zählen Mägen, Leber, Nieren, Lunge, Schlund, Euter und auch Herz.
Innereien wie Leber und Nieren sollten nur in kleinen Mengen gefüttert werden. Leber enthält viel Glykogen und hat daher eine abführende Wirkung. Aus diesem Grund reagieren viele Hunde auf Innereien – speziell Leber – mit weichem Kot bis Durchfall. Leber enthält außerdem einen sehr hohen Anteil Vitamin A, ein fettlösliches Vitamin, das gespeichert wird und in hohen Mengen toxisch wirkt. Da Herz und Geflügelmägen fast nur aus Muskelfleisch bestehen, können sie wie reguläres Muskelfleisch gefüttert werden.

WICHTIG

Schweinefleisch sollte nie roh verfüttert werden, da es das Aujeszky-Virus enthalten kann. Das Virus überträgt die sogenannte Pseudowut, eine Erkrankung, die bei Hunden tödlich verläuft. Garen Sie Schweinefleisch für Ihren Hund daher immer gut durch!

Innereien wie Leber oder Herz enthalten viele gute Nährstoffe.

Trend „Nose to Tail“

Wie sich der Fleischkonsum verändert

Noch 1950 wurden fast 80 % des geschlachteten Tieres von den Menschen verzehrt. 2012 waren es nicht einmal mehr 50 %, weil die Menschen nur noch die guten Teile essen wollten, das war der Siegeszug der Filetkultur. 1984 aß noch jeder Westdeutsche rund 1,5 kg Innereien, 2015 nur noch etwa 100 g. Der gesamte Fleischkonsum stieg dabei fast um das Dreifache an.

Ochsenschwanz war früher eine beliebte Suppeneinlage.

Auch Herz und Nieren wurden stets verwendet, z. B. als Herzragout.

Noch vor rund 50 Jahren haben die Menschen Rinderbacke, -zunge, Lunge, Herz, Nieren, Kutteln, Leber, Euter, Ochsenschwanz und Markknochen selber gegessen. Heute landen diese Teile größtenteils im Futternapf der Haustiere, manches davon wird auch exportiert in Länder, in denen der Fleischkonsum gerade wächst. China ist mittlerweile weltweit der wichtigste Abnehmer für Fleisch, besonders für die tierischen Nebenerzeugnisse.

Neuer Trend

Trotzdem haben wir seit einigen Jahren einen Trend, der zurück in die andere Richtung geht. Immer mehr Menschen wollen wieder das ganze Tier verwerten und fast vergessene Teile wie Nierchen, Herz, Leber, Euter oder sogar Pansen essen. Rinderbacken werden geschmorrt, Lunge kommt in die Wurst, Ochsenschwanz und Knochen kommen in die Suppe, aus Pansen macht man Kutteln oder Pansensuppe. Natürlich sollen diese Teile möglichst von artgerecht gehaltenen Tieren sein. Für unsere Hunde bleibt da immer weniger übrig.

FISCH

Auch Fisch können Hunde natürlich fressen, wobei das mit dem Fisch mittlerweile ja so eine Sache ist, zumindest wenn man auf die Nachhaltigkeit schaut. Überfischung hat dazu geführt, dass die Bestände vieler Fischarten dramatisch zurückgegangen sind, die Fangmethoden bedrohen das Ökosystem der Meere, wie die Naturschutzorganisation WWF es ausgedrückt hat – uns drohen leere Meere. Fisch ist mittlerweile häufig mit Schadstoffen belastet und auch Antibiotika-Rückstände, die Resistenzen begünstigen können, finden sich darin. Man sollte also auch den Hund nicht bedenkenlos mit Fisch füttern. Am einfachsten ist es, wenn man Fisch füttert, der mit Siegeln von Bioland, Naturland oder ASC (Aquaculture Stewardship Council) ausgezeichnet ist. Bei Wildfisch gibt das MSC-Siegel (Marine Stewardship Council) einen Hinweis auf nachhaltige Fischerei.
Grundsätzlich eignen sich alle (Meeres)Fische, Kopf und Gräten sollten jedoch nur mit verfüttert werden, wenn der Fisch roh gefüttert wird. Vor allem der fettreiche Meeresfisch (z. B. Seelachs) liefert viele wertvolle Omega-3-Fettsäuren.

Vorsicht, Thiaminase!

Einige Fische enthalten das Enzym Thiaminase, das Vitamin B1 zerstört. Da Thiaminase durch Erhitzung zerstört wird, sollten diese Fische nicht roh verfüttert werden. Dazu zählen z. B. Karpfen, Hering, Japanische Makrele, Sardellen und auch Muscheln. Dagegen können Lachs, Seelachs, Scholle, Makrele, Barsch, Heilbutt, Schellfisch oder Seehecht roh verfüttert werden, da sie keine Thiaminase enthalten. Es besteht also nicht die Gefahr einer Hypovitaminose.

Lachs enthält einen hohen Anteil der guten Omega-3-Fettsäuren.

ROH ODER GEKOCHT

Ob der Hund mit rohen oder gekochten Nahrungsmitteln gefüttert wird, hat sich mittlerweile fast schon zu einer Glaubensfrage entwickelt, besonders was Fleisch betrifft. Wenn Sie sich scheuen, rohes Fleisch zu füttern, oder Ihr Hund kein rohes Fleisch mag, kann ich Sie beruhigen: Auch mit gegartem Fleisch kann man den Hund wunderbar mit Proteinen versorgen.

Ein Vorteil ist, dass man sich keine Sorgen mehr um Keimbelastungen machen muss. Dass ein Hund grundsätzlich durch seine Magensäure vor krankmachenden Keimen geschützt ist, ist leider ein Irrglaube. Zum einen unterscheidet sich die hündische Magensäure nicht sonderlich von der des Menschen und auch eine sehr fleischreiche Ernährung verändert nicht den pH-Wert im Magen, auf den es dabei ja ankommt. Zum anderen kommt es auf die Keime an, es gibt durchaus säureresistente Keime, wie z. B. die Milchsäurebakterien, die sonst nicht in den Darm gelangen könnten, um sich dort positiv auf die Darmgesundheit auszuwirken. Auch Salmonellen zählen zu den Keimen, die die Magensäure problemlos passieren können, dann kommt es auf das Immunsystem des Hundes an, wie es mit diesen Bakterien zurechtkommt. Wäre eine Versorgung mit gekochten Proteinen ein Problem, hätten wir Menschen in erster Linie ein Problem, denn wer von uns isst schon rohes Fleisch? Natürlich reagieren die Aminosäuren, die die Bausteine der Proteine sind, unterschiedlich auf Erhitzung. Das trifft allerdings auch auf den Einfriervorgang zu und wer roh füttert, kommt i. d. R. um das Einfrieren nicht herum. Die Denaturierung,

1

2

1 Rohes Fleisch kann mit Keimen belastet sein.

2 Bewahren Sie rohes Fleisch in einem offenen Behälter auf.

3 Beim Durchgaren werden enthaltene Keime abgetötet.

die beim Garvorgang stattfindet, ist indes kein wirklicher Nachteil. Es handelt sich dabei um einen Vorgang, der bei der Verdauung sowieso stattfindet und so im Prinzip nur eine Arbeitserleichterung für den Verdauungstrakt darstellt.

Wie ist das mit der Verdaulichkeit?

Oft wird behauptet, dass rohes Fleisch vom Hund viel besser verdaut, sprich verwertet werden kann, als gegartes Fleisch. Das stimmt. Allerdings sind die Unterschiede so minimal, dass sie keinerlei Auswirkung haben. Einer Untersuchung zufolge ist rohes Fleisch ohne Zugaben zu etwa 92 % verdaulich, in gekochtem Zustand zu etwa 90 %. Weitere Nahrungsmittel, die mitgefüttert werden, wie z. B. Kohlenhydrate, haben ebenfalls einen Einfluss darauf, wie gut die Proteine verwertet werden. Das sind aber normale Vorgänge, die auch in der menschlichen Ernährung stattfinden und die durch eine abwechslungsreiche und ausgewogene Ernährung kompensiert werden.
Ob der Hund mit rohem oder gekochtem Fleisch gefüttert wird, kann man also nach dem eigenen Empfinden und den Vorlieben des Hundes entscheiden.

1
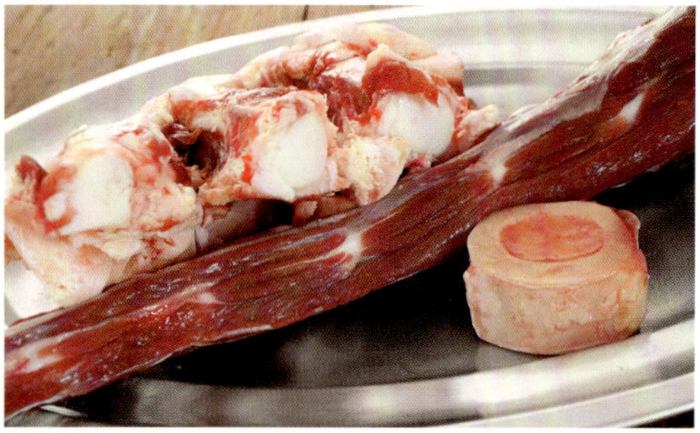

2

1 Die Knochen sollten zum Hund passen.

2 Rinderohren oder auch Luftröhre sind reich an Knorpel und unterstützen einen gesunden Bewegungsapparat.

KNOCHEN UND KNORPEL

Viele Tierärzte raten davon ab, dem Hund Knochen zu geben. Das hängt damit zusammen, dass sie oft schon mit den negativen Auswirkungen der Knochenfütterung konfrontiert wurden. Dass es diese gibt, lässt sich also nicht abstreiten. Knochen können splittern und den Verdauungstrakt verletzen, sie können zu Zahnfrakturen führen, Markknochen können über den Kiefer rutschen und steckenbleiben oder der Hund bekommt Verstopfung bis hin zum gefährlichen Darmverschluss.
Nur wenn Sie sich selber wohlfühlen mit der Knochenfütterung und Ihr Hund mit Knochen umgehen kann, sollten Sie Knochen füttern.

Knochen können der Versorgung mit Kalzium dienen und liefern noch weitere Nährstoffe. Je höher der Fleischanteil am Knochen ist, desto geringer ist der Kalziumanteil. Allerdings ist ein hoher Fleischanteil günstig für die Verdauung der Knochen. Reagiert ein Hund empfindlich auf Knochen, z. B. mit Knochenkot, kann man zur Mahlzeit einen kleinen Teil Innereien füttern, da diese den Kot weicher machen.

Neben der Versorgung mit Nährstoffen haben Knochen natürlich noch mehr zu bieten:

Auch zum Stressabbau eignen sich Knochen sehr gut.

- Sie können helfen, das Gebiss des Hundes gesund zu erhalten, da bei der Bearbeitung der Knochen die Zähne gereinigt werden.
- Außerdem sind sie für den Hund ein Kauvergnügen und können zum Stressabbau hilfreich sein.

Für den Anfang eignen sich z. B. gut Hühnchenhälse, da diese sehr fleischig und relativ weich sind. Je älter das verfütterte Tier, desto eher neigen die Knochen zum Splittern, was durch die Einlagerung von Kalziumsalzen in die kollagene Knochenmatrix begründet ist.

Wichtig! Langes Kochen löst das Kollagen aus den Knochen, wodurch die Knochen brüchig werden und dann leichter splittern können, daher sollten Knochen immer roh gefüttert werden.

Wenn Sie keine Knochen füttern, gibt es zur Versorgung mit Kalzium natürlich Alternativen. Mehr dazu finden Sie siehe Seite 86.

Interview mit einer Landwirtin

Marita Kaltenbach vom Bio-Bauernhof Kaltenbach

Gemeinsam mit ihrem Mann bewirtschaftet Marita Kaltenbach seit 1976 den Bauernhof Kaltenbach in Strießhardt, einem kleinen Ort, der zur Gemeinde Much im Oberbergischen Land gehört. Seit 2000 halten sie eine Ammenkuhherde mit einem Bullen, 2012 wurde daraus ein anerkannter Bio-Betrieb für Rindfleisch. Seit einigen Jahren werden sie auch von ihrer Tochter unterstützt, die den Hof einmal übernehmen wird.

Bemerken Sie einen Trend zu mehr Biofleisch?

Wir haben einen wachsenden Kundenstamm und bemerken, dass den Leuten die Tierhaltung, aus der ihr Fleisch kommt, wieder wichtiger wird. Zu uns kommen auch Menschen aus der Stadt, Familien bringen ihre Kinder mit zum Einkauf, um ihnen die artgerechte Tierhaltung nahezubringen. Wir haben sogar feste Kunden aus der Gastronomie, die auf ihren Speisekarten nachhaltiges Essen anbieten und die Slow-Food-Bewegung unterstützen.

Thema „Nose to Tail“ – kaufen die Menschen wieder mehr „Nebenprodukte“?

Ein kleiner Bedarf nach Innereien wie Nieren oder Leber ist da. Aktuell werden auch wieder Ochsenbäckchen vermehrt nachgefragt, was daher kommt, dass die Zubereitung vermehrt von Köchen thematisiert wird. Lungenzapfen und Herz werden wenig nachgefragt, die bekommen die Hundehalter unter unseren Kunden.

Sie betreiben Hofschlachtung, ist das für die Tiere besser?

Für unsere Tiere ist die Hofschlachtung sehr stressfrei, weil sie nicht transportiert werden müssen. Die Tiere müssen laut gesetzlicher Bestimmung allerdings zur Tötung in eine Tötebox. Bei uns werden auch Tiere von benachbarten Höfen geschlachtet. Diese müssen dann aus dem Transporter raus und in die Tötebox rein, was schon einen gewissen Stressfaktor bedeutet. Optimal wäre eine Tötung direkt auf der Weide, diese ist aber leider nicht erlaubt.

Hunde mögen Hühnereier meist sehr gerne, zu viele Eier verursachen aber Blähungen.

EIER

Eier sind eine sehr gute Eiweißquelle und haben die höchste biologische Wertigkeit. In einer vegetarischen Mahlzeit können Eier gut auch mal das Fleisch ersetzen. Sehr große Mengen führen bei manchen Hunden zu Blähungen, daher sollte man es nicht übertreiben.

MILCHPRODUKTE

Milchprodukte enthalten relativ viel hochwertiges Protein und können ebenfalls die Proteinversorgung unterstützen. Man kann dazu an manchen Tagen einfach den Fleischanteil ganz oder teilweise durch Milchprodukte in der gleichen Menge ersetzen. Es eignen sich z. B. Hüttenkäse, Quark, Kefir, Buttermilch oder Joghurt. Neben den Proteinen liefern Milchprodukte noch weitere Nährstoffe, allen voran enthalten sie einen recht hohen Anteil Kalzium.
Auch die Milchkühe leiden in der konventionellen Haltung, deshalb greift man am besten zu Bio-Produkten.
Milch selber eignet sich weniger, da sie einen sehr hohen Anteil Laktose enthält.

TIPP

Während Eigelb sehr viel Biotin enthält, einen wichtigen Nährstoff für Haut und Fell, ist im rohen Eiweiß Avidin enthalten, ein Glykoprotein, das Biotin bindet. Daher ist es besser, entweder nur das rohe Eigelb zu füttern oder Eier gegart (Spiegelei, Rührei, gekochtes Ei) zu füttern.

Milchprodukte können die Proteinversorgung unterstützen.

Hunde auf Bauernhöfen bekommen oft die Milch frisch von der Kuh.

Laktose und Milchsäurebakterien

Hunde verfügen wie Menschen bei der Geburt über eine hohe Aktivität des Enzyms Laktase, das für die Aufspaltung der Milchsäure (Laktose) zuständig ist. Die Aktivität dieses Enzyms nimmt bei Menschen im Laufe der Jahre ab, weshalb manche Menschen eine Laktoseintoleranz entwickeln. In einigen Ländern mit wenig Milchkonsum ist eine Laktoseintoleranz im Erwachsenenalter normal.

Bei Hunden lässt die Aktivität des Enzyms im Laufe der Zeit ebenfalls nach. In vielen Milchprodukten wie Käse, Quark, Naturjoghurt, Buttermilch oder Kefir wird die enthaltene Laktose zu einem großen Teil von den enthaltenen Milchsäurebakterien abgebaut. Deshalb können Hunde solche Milchprodukte i. d. R. gut vertragen, auch wenn ihre Laktaseaktivität deutlich abgenommen hat. Die meisten Hunde fressen sehr gerne Quark und Co.

Heimisches Superfood – auch für Hunde

Sicher haben auch Sie schon von dem ein oder anderen „Superfood" gehört. Superfood sind Nahrungsmittel, die besonders reich an bestimmten oder auch allgemein an Nährstoffen sein sollen.

In jedem gut sortierten Supermarkt findet man mittlerweile exotisches Superfood, das von allen Teilen der Welt zu uns importiert wird. Dabei muss man gar nicht in die Ferne schweifen, es gibt viele Nahrungsmittel, die hier in Deutschland wachsen und dem internationalen Superfood in nichts nachstehen.
Auch den Hundenapf kann unser heimisches Superfood mit seinen Nährstoffen und besonderen Eigenschaften aufwerten.

BROKKOLI

Brokkoli gilt als Anti-Krebs-Gemüse, weil er den sekundären Pflanzenstoff Sulforaphan enthält, der eine antikanzerogene Wirkung hat. Außerdem enthält Brokkoli viele Nährstoffe wie B-Vitamine, Vitamin C, E und K, die Mineralstoffe Kalzium, Magnesium, Eisen, Zink und Kalium und eine Vielzahl an weiteren sekundären Pflanzenstoffen.

1

2

GRÜNKOHL

Als Wintergemüse ist der Grünkohl sehr nährstoffreich, sein Vitamin-C-Gehalt ist höher als der von Zitronen. Auch Grünkohl enthält sekundäre Pflanzenstoffe, denen eine antikanzerogene Wirkung nachgesagt wird. Außerdem enthält er viele weitere gute Nährstoffe, wie z. B. einen relativ hohen Gehalt an Beta-Carotin, aus dem Hunde Vitamin A bilden können, und viele Mineralstoffe wie Kalium, Magnesium oder Kalzium.

HANFSAMEN

Die kleinen Samen, die botanisch gesehen zu den Nüssen zählen, enthalten viele Vitamine, Mineralstoffe (besonders viel Eisen und Magnesium) und hohe Mengen hochwertiges Eiweiß. Besonders ihr Fettsäurenprofil zeichnet sie aus, da die essentiellen Fettsäuren Omega-3 und Omega-6 in einem guten Verhältnis vorliegen. Man kann Hanfsamen geschält oder ungeschält kaufen. Die ungeschälten enthalten neben vielen Nährstoffen auch Ballaststoffe aus der Schale, sollten für den Hund jedoch gemahlen werden. Hanfsamen können eine hilfreiche Unterstützung bei Erkrankungen sein, die mit Entzündungen einhergehen.

1 Hanfsamen enthalten hohe Anteile an gesunden Fettsäuren.

2 Grünkohl ist reich an Vitamin C.

1

2

1 Heidelbeeren sind gut für die Gehirnfunktionen.

2 Leinsamen helfen gegen Durchfall und Verstopfung.

3 Rote Beete ist gesund – aber bitte nicht zu viel davon!

SIND LEINSAMEN GIFTIG?

Leinsamen enthalten etwa 0,2 mg Blausäure pro Gramm. Als giftig gilt für Menschen eine Dosis von 1–2 mg pro kg Körpergewicht, für Hunde eine Dosis von 2 mg pro kg Körpergewicht an reiner Blausäure. Ein Hund, der 20 kg wiegt, müsste 200 g Leinsamen fressen, um die toxische Wirkung zu erreichen. Da man Leinsamen aber nur in kleinen Mengen füttert, ist die enthaltene Blausäure nicht sonderlich relevant. Wer dennoch besorgt ist und auf Nummer sicher gehen möchte, kann die Leinsamen kurz aufkochen, dann löst die Blausäure sich regelrecht in Luft auf, sie verdampft.

HEIDELBEEREN

Von allen Früchten sollen Heidelbeeren die allergrößte antioxidative Wirkung haben. Die enthaltenen sekundären Pflanzenstoffe wirken antibakteriell, entzündungshemmend und unterstützen einen gesunden Gehirnstoffwechsel. Außerdem enthalten sie viele gute Vitamine und Mineralstoffe.

LEINSAMEN

Leinsamen enthalten viel Eiweiß und haben einen hohen Anteil an Ballaststoffen, weshalb sie gerne bei Problemen mit der Verdauung Verwendung finden. Sie können sowohl bei Verstopfung als auch bei Durchfall eingesetzt werden, was an der Flüssigkeitsbindung liegt.
Weicht man sie vor der Fütterung in Wasser ein, können sie das Kotvolumen erhöhen und helfen so bei Verstopfung. Gibt man sie trocken,

3

binden sie das Wasser im Verdauungstrakt und helfen gegen Durchfall. Leinsamen enthalten zudem einen sehr hohen Anteil der guten Omega-3-Fettsäuren und Mineralstoffe, wie z. B. Selen.
Um die Nährstoffe gut verfügbar zu machen, sollte Leinsamen am besten kurz vor der Fütterung geschrotet werden (nicht geschrotet kaufen!).

ROTE BEETE

In Rote Beete sind viele Nährstoffe wie Vitamin C, Beta Carotin, viel Eisen oder Folsäure, Mangan, Kalium und Kupfer enthalten. Dem enthaltenen Sekundären Pflanzenstoff Betanin wird eine antioxidative, entgiftende und antientzündliche Wirkung nachgesagt.
Am gesündesten ist die Rote Beete, wenn man sie roh verfüttert. Rote Beete enthält auch Oxalsäure und Nitrat, daher sollte sie nicht im Übermaß verfüttert werden. Wie immer gilt, Abwechslung punktet!

SCHWARZE JOHANNISBEEREN

Johannisbeeren – besonders die schwarzen – punkten mit hohen Mengen Vitamin C (3 x so viel wie Zitronen!). Neben weiteren Nährstoffen enthalten sie den sekundären Pflanzenstoff Anthocyan, der antikarzinogen wirkt, Herz- und Kreislauferkrankungen vorbeugt und als Antioxidans gilt.

Schon Hippokrates sagte:

„Unsere Nahrungs-
mittel sollten Heil-,
unsere Heilmittel
Nahrungsmittel
sein!“

Leo

WIE FÜLLT MAN DEN SAUBEREN FUTTERNAPF?

NÄHRSTOFFE

liefern alles, was der Organismus benötigt.

Nährstoffe

Damit Sie wissen, wie viel Sie wovon füttern sollten, müssen Sie erst einmal wissen, was Ihr Hund überhaupt braucht.

Damit der Organismus seinen vielfältigen Aufgaben nachkommen kann, benötigt er Nährstoffe. Diese Nährstoffe werden vor allem von den Nahrungsmitteln geliefert. Einige Nährstoffe kann der Organismus auch selber produzieren.
Nährstoffe sind also Stoffe, die den Organismus „nähren" und ihm so ermöglichen, seinen vielfältigen Aufgaben nachzukommen. Die wichtigsten Nährstoffe, die benötigt werden, sind die Lieferanten für Baustoffe und Energie. Baustoffe werden vor allen Dingen während dem Wachstum benötigt und es gibt nur einen Nährstoff, der diese Baustoffe liefern kann: die Proteine.

PROTEINE – MACHEN SIE DOCH MAL HALBLANG!

Ihrer Wichtigkeit verdanken die Proteine auch ihren Namen. Das Wort „Protein" kommt von dem griechischen Ausdruck „prótos" und heißt übersetzt „Erster".
Die hauptsächlichen Aufgaben der Proteine sind der Aufbau und die Erneuerung der körpereigenen Proteine. Während der Proteinbedarf im Wachstum relativ hoch ist, nimmt er beim ausgewachsenen Hund deutlich ab. Proteine werden aus den Aminosäuren gebildet, diese sind also die Bausteine der Proteine. Im Verdauungstrakt werden die aufgenommenen Proteine wieder in die einzelnen Aminosäuren zerlegt. Aus diesen werden, zusammen mit sich im Körper befindenden Aminosäuren, viele verschiedene neue Proteine gebildet.

1

Zum Beispiel sind alle im Körper arbeitenden Enzyme Proteine, manche Hormone enthalten Proteine, es gibt Strukturproteine und auch Transportproteine.
Proteine können auch als Energielieferanten dienen, in der Leber kann aus den Proteinen Energie liefernde Glukose gebildet werden. Durch den Abbau der Proteine in diesem Energiestoffwechsel entsteht Ammoniak, ein Zellgift. Dieses Zellgift muss die Leber wieder abbauen und in Harnstoff umwandeln, damit es ausgeschieden werden kann. Zudem ist die Umwandlung von Proteinen in Energie selber sehr energieaufwändig, daher eher ineffizient.
Auch bei einer Überversorgung mit Proteinen kommt es zur vermehrten Bildung von Ammoniak, das Leber und Nieren entsorgen müssen. Solange die Leber und die Nieren gesund sind, kann das prima funktionieren. Bestehen jedoch weitere Belastungen dieser Organe (was bei der heutigen Versorgung mit Medikamenten etc. keine Seltenheit ist), können sie überlastet werden und es in der Folge zu Erkrankungen kommen.
Da Proteine nicht gespeichert werden, macht eine Überversorgung nur wenig Sinn. Die viel gepriesenen 80 % Fleischanteil schießen daher sicher über das Ziel hinaus. Um den Proteinbedarf des erwachsenen Hundes zu decken, reicht es aus, die Ration aus einem tierischen Anteil von 40 – 50 % zu gestalten. Wenn Sie Ihrem Hund ein bis zwei vegetarische Tage in der Woche gönnen möchten, an denen Sie statt Fleisch Hülsenfrüchte, Milchprodukte und/ oder Eier füttern, wird der Bedarf ebenfalls gedeckt. Das gilt auch, wenn der Hund sportlich sehr aktiv ist. Der besonders aktive Hund hat nicht nur einen etwas erhöhten Bedarf an Proteinen, sondern an *allen* Nährstoffen. Deshalb sollte man keine einzelnen Nährstoffe vermehrt zuführen, sondern die Rationen insgesamt erhöhen. Machen Sie bei den Proteinen also ruhig halblang!

1 Proteine sind Baustoffe für den Körperaufbau. Sportliche Hunde benötigen mehr von allen Nährstoffen.

3 Kohlenhydrate liefern Energie und Ballaststoffe.

2

KOHLENHYDRATE – FÜTTERN SIE AUCH DIE DARMBEWOHNER!

Kohlenhydrate sind ein schneller Energielieferant (im Vergleich zu Fett) und versorgen den Organismus mit wichtigen Ballaststoffen (Präbiotika). Weder für Mensch noch Hund sind sie essentiell, erfüllen im Organismus aber trotzdem wichtige Funktionen. Da Gemüse und Obst nur wenige Kohlenhydrate enthalten, liefern sie auch entsprechend nur kleine Mengen an Ballaststoffen.

Typische Quellen für Kohlenhydrate sind Getreide und Kartoffeln. Wichtig ist, darauf zu achten, dass es sich um komplexe Kohlenhydrate handelt, also das volle Korn. Nur das volle Korn liefert auch Ballaststoffe sowie weitere Nährstoffe.
Kohlenhydrate unterstützen zudem die Produktion von Serotonin, dem berühmten Glückshormon, indem sie die Aufnahme der Aminosäure Tryptophan fördern und regulieren in der komplexen Form den Blutzuckerspiegel.

1

2

1 Die richtigen Fette können Übergewicht vermeiden helfen.

2 Das Fettsäurenverhältnis im Fleisch hängt von der Haltung ab.

3 Vitamine müssen über Nahrungsmittel zugeführt werden.

Fett – essentiell, damit Ihr Hund nicht fett wird!

Wenn der Hund Kohlenhydrate im Napf hat, ist Fett nicht mehr so wichtig für die Energieversorgung. Eine Überversorgung mit Energie kann natürlich zu Übergewicht führen, zu viel Fett kann also fett machen. Trotzdem darf Fett in der Hundeernährung nicht fehlen.

Omega-3- und Omega-6-Fettsäuren

Zu etwa 95 % besteht Fett aus Fettsäuren. Die ungesättigten Fettsäuren Omega 3 und Omega 6 sind für Hund und Mensch essentiell, müssen also mit der Nahrung zugeführt werden. Fleisch liefert natürlich immer auch einen gewissen Anteil Fett mit sich. Wie hochwertig dieses Fett ist und wie gesundheitsfördernd sein Anteil der essentiellen Fettsäuren ist, hängt auch von der Herkunft des Fleisches ab.

Wichtig ist nicht nur, dass diese Fettsäuren enthalten sind, sondern auch, in welchem Verhältnis sie zueinander stehen. Aufgrund der Ernährung mit Getreide und Soja besteht im konventionellen Fleisch ein eher ungünstiges Verhältnis der beiden Fettsäuren zueinander: Es enthält einen viel zu hohen Anteil der Omega-6-Fettsäuren. Das kann dazu führen, dass die Entzündungsbereitschaft im Organismus erhöht wird. Omega-3-Fettsäuren sind zudem sehr wichtig für die Darmgesundheit, da sie den Anteil an Bakterien, die entzündungsfördernd wirken, hemmen.

Die Omega-6-Fettsäure Arachidonsäure, die nur in tierischem Gewebe vorkommt, hemmt zudem die Bildung von braunem Köperfett. Im Gegensatz zu weißem Körperfett, das Energie speichert, wandelt das braune Fett überschüssige Energie in Wärme um und verbraucht so die Energie.

Mit den richtigen Fettsäuren im Futternapf können Sie also Übergewicht sogar entgegenwirken. Die Omega-3-Fettsäuren wirken sich auch auf die Gehirnfunktionen aus und haben eine stimmungsaufhellende Wirkung. Bei Hunden, die unsicher oder ängstlich sind, darf man daher ruhig großzügig mit den Omega-3-Fettsäuren sein. Wie Sie die essentiellen Fettsäuren sinnvoll ergänzen können, erfahren Sie im Kapitel „Essentielle Fettsäuren". Fette werden außerdem natürlich benötigt, um die fettlöslichen Vitamine zugänglich zu machen.

VITAMINE – DAS KLEINE ETWAS!

Schon 2 500 vor Christus wurde im alten Ägypten die Nachtblindheit mit Leber und Leberextrakten behandelt. Im Jahr 1535 entdeckte der Kapitän eines Schiffes, dass er seine Mannschaft vor der berüchtigten Seefahrerkrankheit Skorbut schützen konnte, wenn er für ausreichend Gemüse und Obst in den Schiffsrationen sorgte. Erst Anfang des letzten Jahrhunderts fanden Wissenschaftler heraus, dass das Vitamin A in der Leber und Vitamin C in Gemüse und Obst sich für diese Wirkungen verantwortlich zeichnen. Das Wissen um die Vitamine und auch andere Nährstoffe ist also noch sehr jung. Noch viel jünger sind die für Hunde experimentell ermittelten Bedarfswerte, daher ist es erstaunlich, mit welcher Inbrunst die Einhaltung dieser Bedarfswerte in der Hundeernährung von vielen verfolgt wird.

Vitamine sind organische Verbindungen, die der Organismus gar nicht oder nur in geringem Maß selber herstellen kann, daher müssen sie in kleinen Mengen mit der Nahrung zugeführt werden. Einige Vitamine sind auch nur für manche Säugetiere essentiell. Hunde können z. B. in der Leber Vitamin C bilden und sind unter normalen Umständen nicht auf eine Vitamin-C-Zufuhr über Nahrungsmittel angewiesen.

Auch der Mensch hatte diese Fähigkeit. Das Gen, das für das verantwortliche Enzym codiert, ist sogar noch vorhanden, allerdings funktionslos. Man vermutet, dass der menschliche Organismus die Eigensynthese von Vitamin C im Laufe der Zeit eingestellt hat, weil dem Körper über die Ernährung ausreichend Vitamin C zur Verfügung gestellt wurde.

Auch viele B-Vitamine werden im Verdauungstrakt hergestellt und müssen nicht unbedingt über die Nahrung zugeführt werden. Die Produktion ist jedoch von verschiedenen Faktoren abhängig, an erster Stelle von einem gesunden, gut funktionierenden Verdauungstrakt. Es können auch weitere Nährstoffe involviert sein, die dann ebenfalls adäquat zur Verfügung stehen müssen. Beispielsweise benötigt der Organismus für die Eigensynthese von Niacin, auch bekannt als Vitamin B3, die Aminosäure Tryptophan.

Die meisten Nährstoffe werden im Dünndarm aus der Nahrung absorbiert und dafür ist ein gut funktionierender Verdauungstrakt elementar. Ein festgestellter Mangel muss also nicht unbedingt heißen, dass in der Nahrung zu wenig dieser Nährstoffe enthalten sind. Es kann auch bedeuten, dass der Darm nicht in der Lage ist, seinen Aufgaben effektiv nachzukommen oder dass andere Stoffe fehlen.

Im Alter nimmt beim Hund die Eigenproduktion von Vitamin C ab.

Hunde können durch Sonnenlicht kaum Vitamin D bilden.

Fett- und wasserlösliche Vitamine

Vitamine werden nach ihrer Löslichkeit in zwei Gruppen unterteilt: Die fettlöslichen und die wasserlöslichen Vitamine.

Fettlösliche Vitamine (A, D, E und K) benötigen zur Aufnahme eine kleine Menge Fett und werden im Organismus gespeichert. Aufgrund der Speicherfähigkeit müssen sie nicht permanent zugeführt werden, es kann ein Vorrat angelegt werden. Vitamin A und D können, auch bedingt durch die Speicherfähigkeit, in extremer Überdosierung toxisch wirken, daher sollte man es nicht übertreiben. Hunde können im Gegensatz zu Menschen wenig bis gar kein Vitamin D über das Sonnenlicht bilden, daher sind sie auf eine Zufuhr angewiesen. Da die meisten Nahrungsmittel bis auf Leber nicht viel Vitamin D enthalten, sollten Sie hier zu Ergänzungen greifen (siehe Kapitel „Ergänzungen" Seite 86). Hunde können wie wir aus Beta-Carotin Vitamin A bilden, die Versorgung ist daher gut über die herkömmlichen Nahrungsmittel zu decken.

Die wasserlöslichen Vitamine sind alle B-Vitamine sowie Vitamin C. Auch hier besteht kein Grund zur Sorge, da einige dieser Vitamine im Darm bzw. der Leber gebildet werden. Eine abwechslungsreiche Ernährung mit vielen frischen Komponenten sorgt zusätzlich für eine gute Versorgung. Bei Erkrankungen können Ergänzungen sinnvoll sein, da sowohl die Eigensynthese als auch die Aufnahme aus Nahrungsmitteln als Folge gestört sein können.

Eierschalen sind eine gute Kalziumquelle

MINERALSTOFFE – STÖREN SIE SICH NICHT AM VERHÄLTNIS

Mineralstoffe sind anorganische Elemente, die über die Nahrung aufgenommen werden müssen. Man unterscheidet die Spurenelemente, die im Organismus mit weniger als 50 mg pro kg Körpergewicht vorliegen, und die Mengenelemente, die mit über 50 mg pro kg Körpergewicht vorhanden sind.

Zu den **Spurenelementen** zählen vor allem Kobalt, Eisen, Fluor, Jod, Kupfer, Mangan, Molybdän, Zink und Selen.

Zu den **Mengenelementen** gehören Kalzium, Phosphor, Magnesium, Natrium, Chlorid und Kalium.

Mineralstoffe beeinflussen sich stark untereinander und viele Hundehalter haben auch schon davon gehört, dass man in der Hundeernährung ein Kalzium-Phosphor-Verhältnis von etwa 1,3 : 1 einhalten sollte. Phosphor kommt praktisch in allen Nahrungsmitteln vor, am meisten ist es in tierischen Nahrungsmitteln enthalten. Um eine Versorgung muss man sich daher keine Sorgen machen, zumal Hunde i. d. R. eine adäquate Menge tierischer Nahrungsmittel bekommen. Vor allem sollte deshalb darauf geachtet werden, dass der Hund ausreichend mit Kalzium versorgt ist. Auch Vitamin D spielt dabei eine Rolle, eine gute Versorgung mit Vitamin D verbessert die Aufnahme von Kalzium.
Bis auf Jod und Kalzium dürften die Mineralstoffe über eine abwechslungsreiche Ernährung eigentlich ausreichend zur Verfügung stehen. Häufig hört man aber, Hunde hätten einen weitaus höheren Bedarf an verschiedenen Mineralstoffen, wie z. B. Zink oder Kupfer, als Menschen und könnten diesen über die normalen Nahrungsmittel nicht decken. Tatsächlich sieht das auch so aus, wenn man die Nährstoffgehalte einer üblichen Ernährung mit normalen Nahrungsmitteln den Bedarfswerten gegenüber stellt. Allerdings muss man sich dann die Frage stellen, wie Hunde 30 000 Jahre oder mehr an unserer Seite ohne entsprechende Ergänzungen überleben konnten. Oder auch die Frage, wie Straßenhunde weltweit so gut überleben können, die ganz sicher keinerlei Ergänzungen erhalten. Eine mögliche Antwort auf diese Frage ist die immense Anpassungsfähigkeit des Organismus. Dieser kann Schwankungen in den Nährstoffgehalten eigentlich recht gut kompensieren. Auch leichte Mängel sind kein Problem, solange sie nicht schlagartig auftreten. Bei den Straßenhunden kann man sicher vermuten, dass ihr Organismus daran gewöhnt ist, mit geringen Nährstoffgehalten gut zu haushalten. Straßenhunde erreichen zwar selten ein hohes Alter, das liegt jedoch nicht an der Ernährung, sondern hat andere Gründe, wie mangelnde medizinische Versorgung, erhöhte Unfallgefahr etc.

Plötzlich auftretende Mängel können grundsätzlich eher schlecht kompensiert werden. Ob es wirklich so eine gute Idee war, dass wir unsere Hunde nun schon seit mehreren Jahrzehnten über Fertigfutter mit Nährstoffen im Überfluss versorgen? Man sollte jedenfalls nicht auf die Idee kommen, einen Hund, der über Jahre Ergänzungen oder Fertigfutter bekommen hat, von einem Tag auf den anderen nicht mehr damit zu versorgen, weil man meint, das wäre ja eigentlich Unsinn. Dieser Schuss könnte nach hinten losgehen, da der Organismus nun mal an diese Versorgung gewöhnt ist.
Bei festgestellten Nährstoffmängeln lässt sich auch schlecht sagen, ob diese tatsächlich durch einen Mangel in der Ernährung oder einen Mangel in der Aufnahme (Darm) hervorgerufen wurden. Ein Blick auf den Darm lohnt sich also auch hier. Im Serviceteil (siehe Seite 108) finden Sie einige Empfehlungen mit denen Sie bei einer Frischfütterung die Rationen aufpeppen und so mögliche „Nährstofflöcher" stopfen können.

Fertigfutter enthält meist eher zu viel als zu wenig Nährstoffe.

Frischer, unverarbeiteter Pansen enthält viele Enzyme.

ENZYME – DAMIT DIE VERDAUUNG RUND LÄUFT!

Enzyme sind Biokatalysatoren, die aus Eiweißen bestehen und an allen Stoffwechselaktivitäten beteiligt sind. Sie wirken wie ein Beschleuniger, unterstützen z. B. den Stoffwechsel allgemein, die Verdauungsvorgänge oder auch die Ausscheidung von Abfallprodukten.
Wie Enzyme wirken, kann man sehr gut beim Kauen von Brot bemerken. Das Enzym Amylase startet bei uns Menschen schon im Mund die Aufspaltung von Stärke in Mehrfachzucker, daher schmeckt Brot, wenn man es eine Weile gekaut hat, auf einmal süß. Hunde haben keine Amylase im Speichel, was durchaus seinen Sinn hat. Da sie ihr Futter nicht lange kauen, sondern so schnell wie möglich hinunterschlingen, käme die Amylase, die erst beim Kauen aktiv wird, im Maul des Hundes gar nicht zum Zuge.
Neben den körpereigenen sind Enzyme auch in Nahrungsmitteln wie Gemüse und Obst enthalten, diese können den Organismus, vor allem die Verdauungsfunktionen, ebenfalls unterstützen.
Da Enzyme in den Nahrungsmitteln sehr hitze- und teilweise auch kälteempfindlich sind, sollte man zumindest hin und wieder möglichst frisches Gemüse und Obst füttern.

Sehr reich an Enzymen sind z. B. Sprossen, Ananas oder Papaya. Enzyme wurden früher Fermente genannt, weil sie durch Fermentierung entstehen, daher ist auch fermentiertes Gemüse reich an Enzymen. Wie man Gemüse fermentieren kann, habe ich Ihnen im Kapitel zu den Nahrungsmitteln erläutert (siehe Seite 28).

Auch frischer Pansen und Blättermagen enthalten noch viele Enzyme, die im Verdauungstrakt des Wiederkäuers benötigt werden, um das pflanzliche Futter abzubauen.
Aufgrund des hohen Anteils schwer verdaulichen Bindegewebes sollte man Pansen und Co. allerdings nicht allzu oft füttern.

SEKUNDÄRE PFLANZENSTOFFE – DAS GRÜNE PLUS

Viele positive Wirkweisen der Nahrungsmittel schreibt man mittlerweile den sekundären Pflanzenstoffen zu, die in pflanzlichen Nahrungsmitteln enthalten sind.
Der Pflanze dienen sekundäre Pflanzenstoffe vor allem der Abwehr von Feinden oder dem Anlocken von Freunden (z. B. zur Bestäubung). Im tierischen Organismus können sie eine Vielzahl positiver Wirkungen entfalten, manche haben eine krebshemmende Wirkung, andere modulieren das Immunsystem, wieder andere wirken entzündungshemmend oder antibakteriell.
Manche sekundäre Pflanzenstoffe sind auch für ihre negative Wirkung bekannt, wie z. B. die Phytinsäure, die die Aufnahme von Mineralstoffen hemmen kann.
Auf die Verarbeitung der Nahrungsmittel reagieren sekundäre Pflanzenstoffe sehr unterschiedlich, bei manchen wird z. B. die Bioverfügbarkeit für den tierischen Organismus durch Erhitzung stark erhöht, andere werden dadurch gehemmt. Carotinoide als Beispiel werden in ihrer Verfügbarkeit durch

Erhitzung erhöht, ein bekannter Vertreter ist das Beta-Carotin, aus dem Vitamin A gebildet werden kann. Auch aus diesen Gründen ist eine abwechslungsreiche Zubereitung der pflanzlichen Nahrungsmittel in der Hundeernährung zu empfehlen.

Nicht empfehlenswert ist die Konzentration auf einzelne Nahrungsmittel, um bestimmte sekundäre Pflanzenstoffe vermehrt zuzuführen oder andere zu limitieren. Hier ist die Phytinsäure wieder ein gutes Beispiel, da sie neben den ungünstigen Eigenschaften auch viele gute hat, wie z. B. krebshemmende, antioxidative, entzündungshemmende oder verdauungsfördernde Wirkungen.

TIPP

Sekundäre Pflanzenstoffe wirken am besten im Verbund, daher ist der beste Weg eine abwechslungsreiche Fütterung. Natürlich kann die Menge der sekundären Pflanzenstoffe durch einen erhöhten pflanzlichen Anteil ebenfalls erhöht werden. Ein Clean Feeding mit etwa 50 % pflanzlichem Anteil versorgt den Hund also bestens mit sekundären Pflanzenstoffen.

Gemüse und Obst sind reich an sekundären Pflanzenstoffen.

Futtermenge und Energiebedarf

Damit der Hund gut versorgt wird, muss auch die Futtermenge passen. Der wichtigste Faktor bei der richtigen Futtermenge ist der Energiebedarf, der von verschiedenen Faktoren beeinflusst wird.

WÄRMEVERLUST

Ein kleinwüchsiger Hund, wie z. B. ein Chihuahua, hat im Verhältnis gesehen einen viel größeren Energiebedarf, als eine großwüchsige Dogge. Das hat damit zu tun, dass die Körperoberfläche im Verhältnis zum Gewicht gesehen größer ist und so mehr Wärme verloren geht.

Bei der Berechnung der Futtermenge kann man sich an die folgenden groben Richtwerte halten:

- große Rassen (30 – 60 kg): 2 % Futtermenge des Körpergewichtes
- mittelgroße Rassen (15 – 30 kg): 3 % Futtermenge des Körpergewichtes
- kleine Rassen (1 – 15 kg): 4 % Futtermenge des Körpergewichtes

KASTRATION

Durch Kastration und die dann fehlenden Hormone wird der Stoffwechsel des Hundes verlangsamt. Grob kann man sagen, der Hund benötigt dann etwa 20 % weniger Energie, was dem Faktor 0,8 entspricht.

Rechnen Sie wie folgt:

- kastrierter Hund = berechnete Futtermenge x 0,8

Die Futtermenge ist von verschiedenen Faktoren abhängig.

Kleine Hunde brauchen im Verhältnis gesehen mehr Futter als große.

AKTIVITÄT

Natürlich unterscheiden sich Hunde auch in ihrer Aktivität. Der eine geht zweimal am Tag eine halbe Stunde Gassi, der andere ist jeden Tag mit Frauchen zwei Stunden im Wald und auf Wiesen unterwegs. Der dritte ist eine Sportskanone und macht zu den langen Gassirunden noch zweimal pro Woche Agility-Training.

Aktivität geht mit Energieverbrauch einher, die Futtermenge muss also entsprechend dem Aktivitätsniveau angepasst werden. Je aktiver der Hund, desto höher sollte die Futtermenge gewählt werden. Für den sehr aktiven Hund kann man noch einmal etwa 30 % Futtermenge aufschlagen.

Rechnen Sie wie folgt:

– sehr aktiver Hund = berechnete Futtermenge x 1,3

INDIVIDUALITÄT

Die Futtermenge ist trotzdem eine sehr individuelle Angelegenheit. Jeder Stoffwechsel ist individuell und auch Faktoren wie Kastration oder Aktivität können sich sehr unterschiedlich auswirken. Diese Berechnungen können daher nur als Anhaltspunkt dienen, entscheidend ist der individuelle Bedarf des einzelnen Hundes.

BEDARF IM WACHSTUM

Während des Wachstums liegt der Bedarf deutlich höher als beim ausgewachsenen Hund. Je nach Größe benötigen Welpen 4–6 % Futtermenge vom Körpergewicht oder sogar mehr.

Gewichtsentwicklung beobachten!

Vor allem wenn man Futterumstellungen vornimmt, sollte man das Gewicht des Hundes eine Weile gut im Auge behalten. Verliert der Hund an Gewicht, muss die Gesamtmenge erhöht werden. Legt er zu, sollte man reduzieren. Beobachten Sie Ihren Hund genau, stellen Sie ihn notfalls eine Weile jede Woche auf die Waage. Damit haben Sie einen guten Indikator, der Ihnen ziemlich genau sagt, ob der Futternapf die richtige Menge für Ihren Hund enthält.

Trächtige Hündinnen und Welpen/Junghunde haben besondere Bedürfnisse, entsprechend sollte die Ernährung daran angepasst werden. Wer sich damit nicht gut auskennt, holt sich am besten fachlichen Rat.

Alte Hunde, die sich nicht mehr viel bewegen, haben natürlich einen geringeren Energiebedarf, da sollte man das Futter etwas reduzieren.

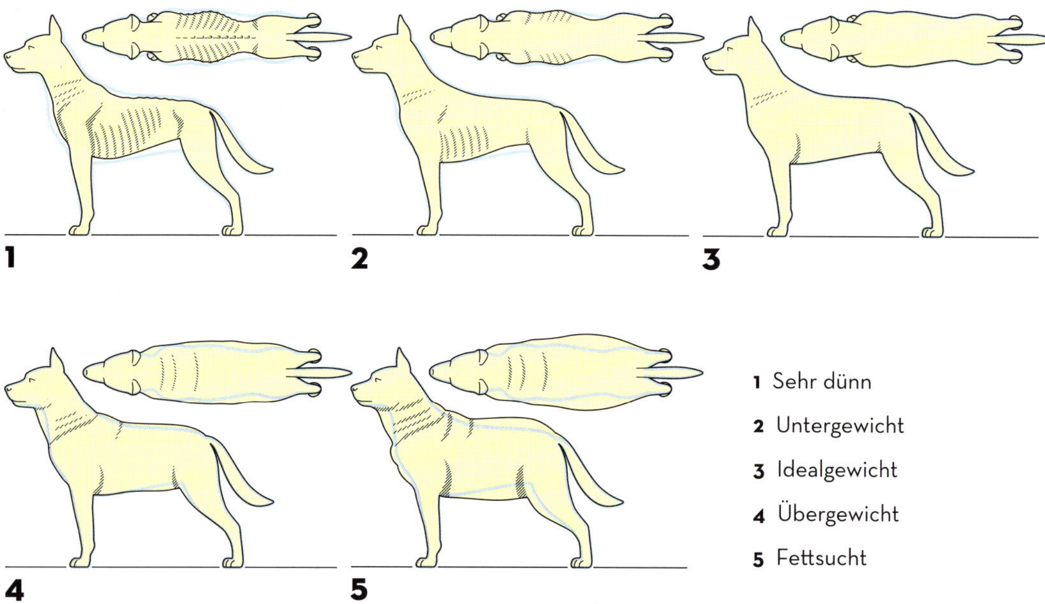

1 Sehr dünn
2 Untergewicht
3 Idealgewicht
4 Übergewicht
5 Fettsucht

Auch Leckerchen dürfen sein, solange der Hund schlank ist.

MUSS MAN LECKERCHEN ABZIEHEN?

Ich halte nicht allzu viel davon, das Leben komplizierter zu machen, als es ohnehin ist. Oft wird geraten, die Leckerchenzufuhr genau zu berechnen und diese Menge von den Gesamtrationen abzuziehen. Wie machen Sie das denn? Wiegen Sie jedes Stück Schokolade, das Sie essen ab und ziehen diese Menge an Kalorien von Ihren Mahlzeiten ab? Nicht? Dann müssen Sie das auch für Ihren Hund nicht tun. Behalten Sie das Gewicht im Auge, das reicht völlig aus. Sind die Rippen nicht mehr tastbar oder hat Ihr Hund keine sichtbare Taille mehr, wird es Zeit, zu reduzieren. Wenn Sie sich daran halten, können Sie nicht viel falsch machen.

Die Einteilung der Rationen

Bei der Einteilung der Rationen können Sie denkbar einfach vorgehen. Wenn Sie die Hälfte der Ration mit tierischen Anteilen gestalten, müssen Sie sich um die Proteinversorgung keine Sorgen mehr machen.

Sie können Muskelfleisch füttern, einen kleinen Anteil Innereien. Wenn Ihr Hund das mag und verträgt, aber auch Milchprodukte oder mal ein Ei. Wenn Sie Knochen füttern, können diese ebenfalls in dem hälftigen Anteil enthalten sein.
Die andere Hälfte können Sie aus pflanzlichen Komponenten relativ frei gestalten. Um die nötige Energie zu liefern und Ihren Hund mit Ballaststoffen zu versorgen, können Sie 20 – 30 % der Ration mit Kohlenhydraten gestalten. Die anderen 20 – 30 % können Gemüse und ein kleiner Anteil Obst sein.

In püriertem Gemüse und Obst sind alle Nährstoffe aufgeschlossen.

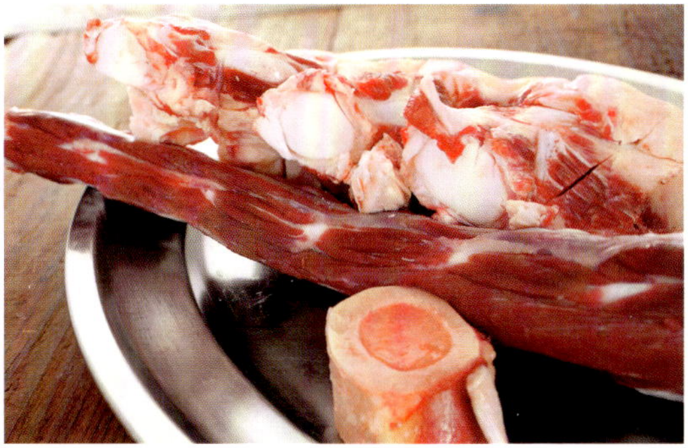

1

2

Beispiel-Rationen mit Knochen für einen 10-kg-Musterhund

In der Praxis kann das für einen Hund, der 10 kg wiegt, etwa folgendermaßen aussehen:

Etwa 50 % tierischer Anteil, bestehend aus:
- ca. 60 % Fleisch
- ca. 15 % Innereien
- ca. 20 % rohe fleischige Knochen
- ca. 5 % Milchprodukte

Etwa 50 % pflanzlicher Anteil, bestehend aus:
- ca. 10 % Obst
- ca. 40 % Gemüse
- ca. 50 % Kohlenhydrate

Wochenbedarf des Musterhundes mit Knochen

Der 10 kg schwere Beispielhund (normal aktiv und nicht kastriert) würde in einer Woche bekommen:

Etwa 1400 g tierischen Anteil, bestehend aus:
- ca. 840 g Fleisch
- ca. 210 g Innereien
- ca. 280 g rohe fleischige Knochen
- ca. 70 g Milchprodukte

Etwa 1400 g pflanzlichen Anteil, bestehend aus:
- ca. 140 g Obst
- ca. 560 g Gemüse
- ca. 700 g Kohlenhydrate

Knochen haben sehr unterschiedliche Kalziumgehalte, weshalb man nur schwer eine Menge nennen kann, welche der Hund bekommen sollte, um seinen Kalziumbedarf zu decken. Der Tagesbedarf liegt bei ca. 80 mg pro kg Körpergewicht. Der Beispielhund bräuchte am Tag also ca. 800 mg Kalzium. Würde er einen Hühnerhals am Tag bekommen, der ca. 40 – 50 g wiegt, wäre sein Kalziumbedarf gedeckt.

1 Knochen können den Kalziumbedarf decken.

2 Der Fleischanteil kann variieren.

TIPP

Je mehr Fleisch am Knochen ist, desto weniger Kalzium ist enthalten. Je weniger Fleisch, desto schwerer ist der Knochen zu verdauen. Knochenkot kann ein Indikator dafür sein, dass die Kalziummenge zu hoch war. Es kann aber auch daran liegen, dass der Verdauungstrakt sich mit den Knochen schwer tut, dann wäre eine Knochenfütterung sowieso zu überdenken. Vor allem ältere Hunde können Knochen manchmal nicht mehr gut verdauen.

Auch Eier sind gute Proteinlieferanten.

Beispiel-Rationen ohne Knochen für einen 10-kg-Musterhund

Etwa 50 % tierischer Anteil, bestehend aus:
- ca. 80 % Fleisch
- ca. 15 % Innereien
- ca. 5 % Milchprodukte

Etwa 50 % pflanzlicher Anteil, bestehend aus:
- ca. 10 % Obst
- ca. 40 % Gemüse
- ca. 50 % Kohlenhydrate

Wochenbedarf des Musterhundes ohne Knochen

Der 10-kg-Beispielhund würde in einer Woche bekommen:

Etwa 1400 g tierischen Anteil, bestehend aus:
- ca. 1120 g Fleisch
- ca. 210 g Innereien
- ca. 70 g Milchprodukte

Etwa 1400 g pflanzlichen Anteil, bestehend aus:
- ca. 140 g Obst
- ca. 560 g Gemüse
- ca. 700 g Kohlenhydrate

Hierbei müsste natürlich das Kalzium noch anders ergänzt werden. Zu den nötigen Ergänzungen, wie z. B. Kalzium, kommen wir auf Seite 86. Denken Sie daran, dass diese Zahlen nur Vorschläge sind. Gestalten Sie die Fütterung abwechslungsreich und bestenfalls ökologisch sinnvoll. Ihr Hund hat keine Rechenmaschine integriert, die kontrolliert, ob es wirklich 17,5 g Obst waren, die er bekommen hat. Scheuen Sie sich nicht, den Futternapf auch danach zu gestalten, was Ihr Kühlschrank gerade hergibt. Wenn gerade nur noch 50 g Fleisch da sind, füllen Sie den Rest eben mit Quark oder Ei auf. Auch den pflanzlichen Anteil können Sie in der Zusammensetzung verschieben, je nachdem was Ihr Vorrat sagt. Wichtig ist, dass die Gesamtbilanz stimmt. Denken Sie daran, dass Sie auch für sich selber nicht alle Nahrungsmittel abwiegen. Auch für den Menschen gibt es Bedarfswerte, darum schert sich aber kaum jemand.

WAS SAGT DIE VERDAUUNG?

Ein guter Indikator dafür, ob die Zusammensetzung passt, ist der Kot. Normal ist beim Hund ein ein- bis zweimal täglicher Kotabsatz. Der Kot sollte fest, jedoch nicht hart sein. Auch ein gewisses Volumen sollte er haben (wichtig z. B. für die Funktion der Analdrüsen), dafür sorgen die Ballaststoffe. Zu weicher Kot kann ein Hinweis darauf sein, dass der Gemüse und/oder Obstanteil zu hoch ist. Heller, harter und krümeliger Kot ist ein Hinweis darauf, dass die Kalziumzufuhr zu hoch ist (wird daher Knochenkot genannt).

Bei einer Frischfütterung kann der Kot an verschiedenen Tagen natürlich etwas unterschiedlich sein (auch die Farbe kann sich mal verändern). Gravierende Veränderungen in Farbe oder Konsistenz sollten jedoch überprüft werden, da sie ein Hinweis auf Erkrankungen sein können.

Milchprodukte können die Ration aufwerten.

„Die beste Küche kommt aus der Not."

William Saroyan

Ergänzungen

Einige Nährstoffe können über die normalen Nahrungsmittel nicht gut abgedeckt werden. Das sind in erster Linie Kalzium, wenn keine Knochen gefüttert werden, sowie Vitamin D und Jod. Auch die essentiellen Fettsäuren sollten am besten in Form von Ölen ergänzt werden.

Ob Eierschalen oder Knochen – Hauptsache der Hund bekommt das benötigte Kalzium.

KALZIUM – DER NÄHRSTOFF FÜR DIE KNOCHEN

Kalzium ist ein wichtiger Nährstoff, der für einen gesunden Bewegungsapparat sehr wichtig ist, sowie für die Blutgerinnung und die Muskeln. Eine einfache und zugleich natürliche Versorgung mit Kalzium kann mit gemahlenen Eierschalen erfolgen. In der Regel kostet das nichts, weil Eierschalen eigentlich Abfall sind und fast jeder sie zu Hause hat.

Dosierung

- pro 5 kg Körpergewicht = etwa ¼ TL für die tägliche Versorgung

Kalzium-Bedarf des Musterhundes

Der Beispielhund mit 10 kg bekommt also täglich ca. ½ TL Eierschalenpulver. Man kann die Eierschalen trocknen und dann mit einem Mörser oder einer Kaffeemühle zu Pulver verarbeiten. Auch die Schalen von gekochten Eiern eignen sich dafür, da Kalzium nicht hitzeempfindlich ist.

VITAMIN D – DIE SONNE IM FUTTERNAPF

Hunde können ihren Bedarf an Vitamin D wenig bis gar nicht über Sonnenlicht abdecken. Vitamin D ist ein wichtiger Nährstoff für den Bewegungsapparat, da es die Aufnahme von Kalzium verbessert. Außerdem ist Vitamin D wichtig für die Darmgesundheit und den Gehirnstoffwechsel. In den Nahrungsmitteln ist außer in Leber wenig Vitamin D enthalten. Leber enthält sehr viel Vitamin A, was in großer Menge toxisch wirkt. Daher kann man den Vitamin-D-Bedarf nur schlecht alleine mit Leber decken. Im Sinne einer nachhaltigen Hundeernährung eignet sich der beliebte Dorschlebertran eher nicht zur Versorgung, denn Dorsch ist laut der Naturschutzorganisation WWF der am meisten gefährdete Speisefisch. Da Hunde pflanzliches Vitamin D verwerten können, kann man auch beim Hund auf Vitamin-D-Öle zurückgreifen. Am besten kann man Vitamin-D-Öl in der Konzentration 200 IE für Hunde nutzen. Da Vitamin D den Bedarf an Vitamin K erhöht, ist in diesen Ölen meist Vitamin K enthalten. Die Menge ist jedoch nur gering, daher kann man diese Öle auch dem Hund bedenkenlos geben. **Hunde haben einen täglichen Bedarf von etwa 10 IE pro kg Körpergewicht**. Damit kann man sich leicht ausrechnen, wie viel Vitamin-D-Öl der Hund bekommen sollte. Da Vitamin D gespeichert wird, kann man zur Dosierungsvereinfachung den wöchentlichen Bedarf zugrunde legen.

Vitamin-D-Bedarf des Musterhundes

Der 10-kg-Beispielhund hat einen wöchentlichen Bedarf von 700 IE und braucht somit pro Woche etwa 3 – 4 Tropfen Vitamin-D-Öl in der Konzentration 200 IE pro Tropfen.

Vitamin D ist wichtig für den Knochenstoffwechsel. Hunde können den Bedarf aber nicht über das Sonnenlicht decken.

JOD – NICHT NUR FÜR DIE SCHILDDRÜSE!

Jod ist ein Spurenelement, das vor allem die Schilddrüse benötigt. Damit verbunden ist Jod u. a. wichtig für den Hormonhaushalt, die Hautgesundheit, die Gehirnfunktionen und das Immunsystem. Da in den normalen Nahrungsmitteln nicht sonderlich viel Jod enthalten ist, **muss** es ergänzt werden. Seefisch enthält Jod, jedoch reichen die Mengen nicht aus, um den Bedarf zu decken, zumal er eher nicht oft auf dem hündischen Speiseplan steht.

Mit der Seealge *Ascophyllum nodosum* kann man den Jodbedarf des Hundes einfach decken. **Hunde haben einen täglichen Jodbedarf von ca. 15 µg pro kg Körpergewicht**. Die Dosierung kann man den jeweiligen Herstellerinformationen entnehmen.

Man kann auch mit jodiertem Speisesalz den Jodbedarf des Hundes decken, 1 g jodiertes Salz enthält etwa 70 µg Jod.

Jod-Bedarf des Musterhundes

Der 10-kg-Beispielhund mit einem täglichen Bedarf von 150 µg braucht am Tag ca. 0,5 g Seealgenmehl oder 2 g (etwa ½ TL) jodiertes Speisesalz.

TIPP

Hunde haben ebenfalls einen Bedarf an im Salz enthaltenem Natrium, daher ist Salz auch für Hunde o.k. Es ist sogar ratsam, zur Versorgung mit Natrium etwas Salz zu ergänzen, da das Fleisch meist nur noch wenig natriumreiches Blut enthält. Zudem haben Hunde eine sehr große Toleranz Salz gegenüber. In Versuchen wurden bis zu 2,5 g pro kg Körpergewicht vertragen. Die zur Jodversorgung benötigten Mengen Speisesalz stellen also kein Problem dar.

Seealgen sind ein guter Jodlieferant.

Verschiedene Öle können essentielle Fettsäuren liefern.

ESSENTIELLE FETTSÄUREN – DAS GESUNDE MASS

Achten Sie bei der Auswahl des Fleisches darauf, dass Sie im Ganzen einen mittleren Fettgehalt (10 – 20 %) erreichen, damit bekommt der Hund einen Großteil der benötigten essentiellen Fettsäuren. Zusätzlich können Sie die täglichen Rationen mit kleinen Mengen hochwertiger Öle ergänzen. Dafür eignet sich Lachsöl sehr gut, denn Lachs enthält einen hohen Anteil Omega-3-Fettsäuren. Allerdings geraten wir hier wieder an das „Fisch-Thema" und Bio-Lachsöl findet man eher selten.
Man kann auch auf pflanzliche Öle zurückgreifen, Leinöl oder Hanföl enthalten einen hohen Anteil Omega-3-Fettsäuren. Auch andere Öle wie Olivenöl, Rapsöl oder Walnussöl dürfen hin und wieder im Napf landen, ihr Anteil an Omega-3-Fettsäuren ist jedoch eher gering.

Dosierung

- kleine Hunde (1 – 15 kg): ca. 1 TL täglich
- mittelgroße Hunde (15 – 30 kg): ca. 1 EL täglich
- große Hunde (30 – 60 kg): ca. 1 – 2 EL täglich

Bedarf des Musterhundes

Unser 10-kg-Beispielhund bekommt am Tag zusätzlich 1 TL Öl.

Nährstoffe und die Darmflora

Die hündische Darmflora ist der des Menschen sehr ähnlich und reagiert auch entsprechend auf Nahrungsmittel, das zeigte eine Studie, die Anfang 2018 veröffentlicht wurde.

Bei einer proteinreichen Ernährung kann es besonders bei übergewichtigen Hunden (deren Darmflora reagiert empfindlicher) zu einem Anstieg der entzündungsfördernden *Clostridien* kommen.
Ballaststoffe in der Ernährung sorgen dafür, dass die Darmbakterien wichtige Stoffe für den Organismus bilden, wie z. B. kurzkettige Fettsäuren. Apropos Fett – eine sehr fettreiche Ernährung kann zu einer ungünstigen Verschiebung der Bakterienbesiedlung führen und infolge zu einer Anreicherung entzündungsfördernder Bakterien.
Wichtig ist die richtige Zusammensetzung der Fettsäuren, vor allem die Omega-3-Fettsäuren reduzieren entzündungsfördernde Bakterien und mindern den oxidativen Stress im Darm.
Viele Vitamine beeinflussen die Darmbakterien ebenfalls, Vitamin D beispielsweise ist beteiligt an der Bildung von *Defensinen*.
Defensine sind Peptide, die in der Darmschleimhaut gebildet werden und die dazu beitragen, schlechte Bakterien fernzuhalten.
Neben dem Einfluss, den Nährstoffe auf die Darmbakterien haben, beeinflussen Darmbakterien andererseits auch die Nährstoffsynthese. Ein ungünstiges Verhältnis der Darmbakterien kann für eine ungünstige Verschiebung des im Darm herrschenden pH-Wertes sorgen, was dazu führen kann, dass die Nährstoffe nicht mehr optimal aufgenommen werden können. Manche Nährstoffe werden auch von Darmbakterien gebildet, wie z. B. einige B-Vitamine. Sind die dafür nötigen Darmbakterien vermindert, ist auch die Nährstoffproduktion vermindert.
Sind viele Bakterien vorhanden, die *Toxine* produzieren, wird die Leber stark gefordert, die diese abbauen muss. Eine überbeanspruchte Leber synthetisiert möglicherweise nicht mehr ausreichend Vitamin C. Eine gute Nährstoffversorgung begünstigt also eine gesunde Darmflora und eine gesunde Darmflora sorgt für eine gute Nährstoffaufnahme und -synthese.

Komplettergänzungen sichern die Versorgung mit allen Nährstoffen.

KOMPLETTERGÄNZUNGEN – EINE GUTE ALTERNATIVE

Nicht jeder möchte mit zig verschiedenen Pülverchen hantieren, um seinen Hund ausreichend mit Nährstoffen zu versorgen. Manchmal hat man keine Zeit oder man möchte es zumindest im Urlaub einfacher haben. In diesen Fällen kann man auf Komplettergänzungen zurückgreifen, die den Hund neben der möglichst naturnahen Ernährung mit allen wichtigen Nährstoffen versorgen.

Diese Komplettergänzungen sind meist mit synthetischen Nährstoffen angereichert, einfach weil es schwierig ist, in einem einzigen Mittel alles Wichtige zu vereinen. Auch das ist legitim, zumal ja in den Nahrungsmitteln schon viele natürliche Nährstoffe inklusive Begleitstoffe vorhanden sind. Es ist auch keine schlechte Variante, diese Ergänzungen hin und wieder zu variieren, zumal jeder Stoffwechsel bei der Nährstoffaufnahme individuell arbeitet.

Sie finden im Serviceteil (Seite 108) ein paar empfehlenswerte Hersteller, bei denen Sie solche Komplettergänzungen bekommen können. Ich finde es wichtig, darauf zu achten, dass Experten am Werk sind, die über entsprechendes Fachwissen verfügen.

„Lochstopfer-Zusätze"

Es gibt Ergänzungen, die nur Nährstoffe enthalten, welche etwas schwer abzudecken sind (vor allem Zink, Mangan, Kupfer, Magnesium). Ich nenne sie gerne „Lochstopfer-Zusätze". Diese enthalten meist zum Teil synthetische, zum Teil natürliche Nährstoffe. Es ist wichtig, dass Sie darauf achten, ob diese Ergänzungen auch Jod, Kalzium und/oder Vitamin D enthalten, weil sie diese dann nicht mehr zusätzlich ergänzen sollten. Leider ist der Markt da etwas unübersichtlich, weil jeder Hersteller es etwas anders macht. Hierzu finden Sie im Serviceteil ein paar Empfehlungen (Seite 108).

Umstellung auf Clean Feeding

Claudia mit Dana

Mir liegt die Ernährung meines Hundes sehr am Herzen, daher überdenke ich hin und wieder, was alles in Danas Napf landet. Ich möchte nur das Beste und das sind für mich qualitativ hochwertige Nahrungsmittel. Als Dana, die jetzt 14 Jahre alt ist, gerade anfing ein wenig zu kränkeln, lernte ich in einem Vortrag Clean Feeding kennen und war sehr beeindruckt. Ich begann immer mehr Tipps und Anregungen zu übernehmen und fütterte auch erstmalig Kohlenhydrate. Erst skeptisch und zögerlich, da Dana unter Allergien leidet. Nicht nur, dass der Napf blitzeblank geschleckt wurde, überraschenderweise zeigte Dana keine Unverträglichkeiten, ganz im Gegenteil. Dana kam mir wesentlich ausgeglichener und entspannter vor.

Darmunterstützung

Da Dana zuvor eine Blasenentzündung hatte, kamen wir um die Gabe von Antibiotika nicht herum. Gleichzeitig nahmen wir eine Darmsanierung in Angriff und Dana bekam über einen längeren Zeitraum Probiotika. Das Ergebnis ist ein Hund, der sich rundum wohlfühlt.

Nichts ist in Stein gemeißelt!

Für mich ist Ernährung etwas ganz Individuelles, was für den einen gut ist, muss nicht für den anderen gut sein. Wir haben unsere Balance gefunden, aber nichts ist in Stein gemeißelt. Ich füttere roh, gekocht oder auch mal gedünstet. Ab und an gibt es mal etwas aus der Dose, die dann entsprechend aufgepeppt wird. Mit ein paar Nahrungsergänzungsmitteln bin ich in der Lage, Dana ohne Medikamente gesundheitlich stabil zu halten. Das Wichtigste ist, Dana geht es sehr gut und das zeigt sie mir ganz deutlich jeden Tag.

Rezepte zum Loslegen

Falls Sie nicht wissen, wie Sie anfangen sollen, die Ernährung Ihres Hundes praktisch zu gestalten, finden Sie hier für jede Jahreszeit zwei Rezepte zum Ausprobieren.

Alle Mengenangaben beziehen sich auf die zu **fütternde Menge**, also nicht auf das Rohgewicht. Berücksichtigen Sie, dass Nahrungsmittel wie Reis, Kartoffeln, Nudeln oder Haferflocken beim Kochen an Gewicht zulegen. Wenn Sie die benötigte Futtermenge durch 3 teilen, kommen Sie auf das ungefähre benötigte Rohgewicht. Als Beispiel ergeben 100 g roher Reis etwa 300 g gekochten Reis. Ganz genau kann man das aber natürlich nicht sagen. Sie können auch größere Mengen auf Vorrat kochen und 2 – 3 Tage im Kühlschrank lagern, dann hat man das Problem mit den ungenauen Mengen nicht.
Beim Fleisch ist es genau anders herum, es verliert durch Garen an Gewicht. Wie viel das ist, hängt auch von der Fleischqualität ab. Je hochwertiger das Fleisch, desto weniger Wasser verliert es. Ergänzungen oder z. B. Öle geben Sie erst kurz vor der Fütterung zu den Rationen.

Die Gramm-Angaben gelten für den 10-kg-Musterhund.

FRÜHLINGS-REZEPTE

Grüne Lachspfanne

Zutaten
- 50 % Lachs: 200 g
- 30 % Vollkornreis: 120 g
- 15 % Spinat: 60 g
- 5 % Feldsalat: 20 g

So wird's gemacht
- Reis nach Anweisung kochen, ruhig etwas länger, damit er schön weich wird.
- Spinat und Feldsalat putzen und im Mixer pürieren oder schreddern.
- Lachs entweder roh füttern oder in einer Pfanne mit etwas Wasser oder Fett durchgaren.

Frühlingssalat mit Kopffleisch und Haferflocken

Zutaten
- 50 % Kopffleisch (gewolft oder in Brocken): 200 g
- 20 % Haferflocken: 80 g
- 10 % Mangold: 40 g
- 15 % Tomaten: 60 g
- 5 % Erdbeeren: 20 g

So wird's gemacht
- Mangold, Tomaten und Erdbeeren putzen und im Mixer schreddern oder pürieren.
- Kopffleisch roh füttern oder in einer Pfanne mit etwas Wasser oder Fett garen.
- Alles in den Napf geben und die rohen Haferflocken einfach untermischen.

SOMMER-REZEPTE

Hühnchen mit Kartoffeln und Sommersalat

Zutaten

- 50 % Hühnchen (gewolft oder in Brocken): 200 g
- 25 % Kartoffeln: 100 g
- 10 % Brokkoli: 40 g
- 10 % Spargel: 40 g
- 5 % Apfel: 20 g

So wird's gemacht

- Kartoffeln schälen, vierteln und ca. 30 Minuten kochen.
- Brokkoli, Spargel und Apfel putzen und in kleine Stücke schneiden.
- Dann entweder ca. 10 Minuten dünsten oder im Mixer pürieren.
- Das Hühnchen entweder in der Pfanne mit etwas Wasser oder Öl durchgaren oder es roh verfüttern.

Rindermix mit Hirseflocken und Gemüse

Zutaten

- 35 % Rindfleisch: 140 g
- 15 % Nieren: 60 g
- 25 % Hirseflocken: 100 g
- 10 % Zucchini: 40 g
- 10 % Pastinaken: 40 g
- 5 % Möhren: 20 g

So wird's gemacht

- Hirseflocken ca. 20 Minuten in etwas Wasser einweichen (so, dass sie abgedeckt sind).
- Gemüse putzen und in kleine Stücke schneiden.
- Ca. 10 Minuten in etwas Wasser schmoren oder im Mixer pürieren.
- Rindfleisch und Nieren entweder roh füttern oder ein paar Minuten in der Pfanne in etwas Wasser oder Öl durchgaren.

HERBST-REZEPTE

Vegetarische Nudeln

Zutaten

- 25 % Ei: 100 g
- 25 % Hüttenkäse: 100 g
- 25 % Vollkornnudeln: 100 g
- 10 % Kohlrabi: 40 g
- 10 % Paprika: 40 g
- 5 % Birne: 20 g

So wird's gemacht

- Nudeln nach Anweisung kochen (ruhig etwas länger, damit die Nudeln schön weich werden).
- Ei entweder kochen oder zu Rühr- oder Spiegelei verarbeiten.
- Kohlrabi, Paprika, Birne putzen und im Mixer schreddern oder pürieren. Hüttenkäse dazu. Fertig.

Herbstsalat mit Herz und Hirse

Zutaten

- 40 % Herz: 160 g
- 10 % Leber: 40 g
- 25 % gepuffte Hirse: 100 g
- 10 % Gurke: 40 g
- 10 % Rote Beete: 40 g
- 5 % Feldsalat: 20 g

So wird's gemacht

- Gepuffte Hirse ca. 5 Minuten in warmem Wasser einweichen (ca. doppelte Menge).
- Herz und Leber entweder roh füttern oder in der Pfanne mit etwas Wasser oder Öl durchgaren.
- Gurke, Feldsalat und Rote Beete putzen **(Vorsicht, Rote Beete macht alles rot!)** und im Mixer schreddern oder pürieren.

WINTER-REZEPTE

Deftiger Grünkohleintopf

Zutaten
- 50 % gewolftes Wildfleisch: 200 g
- 20 % Kartoffeln: 80 g
- 15 % Grünkohl: 60 g
- 10 % Möhren: 40 g
- 5 % Apfel: 20 g

So wird's gemacht
- Kartoffeln in kleine Stücke schneiden und ca. 30 Minuten weichkochen.
- Wildfleisch in der Pfanne ca. 5 Minuten schmoren.
- In der Zeit Grünkohl, Möhren und Apfel putzen, in kleine Stücke schneiden oder im Mixer schreddern.
- Gemüsemix zum Fleisch geben und ca. 5 Minuten mit schmoren.
- Gekochte Kartoffeln unter den Fleisch-Gemüse-Mix mischen.

Haferbrei auf Lachs mit Wintersalat

- 50 % Lachs: 200 g
- 25 % Haferflocken: 100 g
- 10 % Möhren: 40 g
- 10 % Chicorée: 40 g
- 5 % Feldsalat: 20 g

So wird's gemacht
- Haferflocken in etwas Wasser aufkochen und weitere 5 Minuten quellen lassen.
- Inzwischen Gemüse putzen und im Mixer schreddern oder pürieren.
- Den Lachs roh füttern oder in der Pfanne mit etwas Wasser oder Fett durchgaren.

Fertigfutter und Clean Feeding

Vielleicht gefällt Ihnen der Gedanke, Ihren Hund „clean" zu füttern, Sie trauen sich den Aufwand aber nicht zu, weil Sie Sorge haben, Ihr Hund könnte nicht mit allem versorgt werden, was er braucht, oder Sie haben einfach keine Zeit, ständig für Ihren Hund die Mahlzeiten selber zuzubereiten.

In diesen Fällen können Sie natürlich auch Ihr Fertigfutter mit „cleanen" Nahrungsmitteln aufwerten. Auf diesem Weg erhält Ihr Hund noch viele weitere Nährstoffe in natürlicher Form in Verbindung mit den Begleitstoffen, wie z. B. sekundären Pflanzenstoffen. Oder Sie können eine teilweise Frischfütterung praktizieren, indem Sie z. B. morgens ein Fertigfutter geben und abends eine frische Ration. Beides ist recht einfach umzusetzen, ohne dass man allzu viel Aufwand betreiben muss.

Fertigfutter aufwerten

Um die Fertigfutterrationen aufzupeppen, können Sie auch sehr gut Essensreste nutzen: Ein übrig gebliebenes Ei vom Sonntagsfrühstück, die restlichen Kartoffeln oder Nudeln vom Mittagessen und/oder einen pürierten Gemüsemix aus den Resten im Kühlschrank können Sie problemlos zur Fertigfutterration geben.
Das einzige, worauf Sie hierbei achten müssen, ist, dass Ihr Hund nicht zu viel zusätzliche Energie bekommt, dann könnte er natürlich unerwünscht an Gewicht zulegen. Sie können auch die Menge Fertigfutter etwas herabsetzen, i. d. R. sind im Fertigfutter sowieso eher zu viele Nährstoffe enthalten, um eine Mangelversorgung mit bestimmten Nährstoffen brauchen Sie sich also keine Sorgen machen.

Probieren Sie einfach aus, was Ihrem Hund schmeckt. Viele Hunde finden die „Geschmacksexplosion", wenn im Futternapf mit dem langweiligen Fertigfutter plötzlich leckere Essensreste landen, ganz toll und fressen gleich nochmal so gerne. Auch einen schlechten Fresser kann man so vielleicht aus der Reserve locken.

Teilweise „clean" füttern

Wenn Sie eine von zwei Fertigfutterrationen mit frischen Nahrungsmitteln ersetzen wollen, können Sie sich einfach nach den Mengenempfehlungen weiter vorne im Buch richten und geben davon nur die Hälfte. Diese Mahlzeit können Sie zur Versorgung mit den wichtigen Nährstoffen z. B. mit einer Mineralstoffmischung ergänzen, geben Sie dann aber nur die Hälfte der empfohlenen Menge, die Fertigfutterration sichert die andere Hälfte.

Fertigfutter – so „clean" wie möglich

Natürlich können Sie auch das Fertigfutter ein wenig danach aussuchen, wie „clean" es ist. Achten Sie dann auf Biozutaten, die Herkunft des Fleisches und keinen zu hohen Fleischanteil. Eine schonende Verarbeitung wäre z. B. gebackenes Trockenfutter oder ein Dosenfutter, das ja im Prinzip wie gekochtes Futter ist.

Ein rohes Eigelb, ein paar Haferflocken und etwas Petersilie sorgen für Nährstoffe und Abwechslung im Fertigfutter.

Clean Einkaufen

Ernährung ist auch eine Frage des Geldes, das ist nicht anders, wenn es um das Futter für den Hund geht. Wer seinen Hund gerne „clean“ füttern möchte, hat sich aber wahrscheinlich von der Vorstellung verabschiedet, den Hund mit einem monatlichen Budget von 15 € gesund und ausgewogen zu ernähren.

Durch die Verfütterung von Resten kann man natürlich Geld sparen. Sie müssen gar nicht so viel „extra für den Hund“ einkaufen, ein Großteil findet sich – vorausgesetzt Sie ernähren sich selber einigermaßen gesund – in Ihrem Kühlschrank und Vorratsschrank.

FLEISCH UND ANDERE TIERISCHE PRODUKTE

Wer ländlicher wohnt, hat vielleicht einen Bauernhof mit Hofladen in der Nähe. Dort können Sie nach Resten für Hunde fragen. Natürlich sollte man bereit sein, einen angemessenen Preis zu zahlen, auch wenn es nur die Reste sind, die die Menschen nicht verzehren. Wer keinen Hof in der Nähe hat, kann sich nach guten Metzgereien umschauen und dort nachfragen. Langsam tut sich auch etwas bei den Barfshops. Fragen Sie nach der Herkunft, so signalisieren Sie, dass

Ihnen eine artgerechte Nutztierhaltung wichtig ist.
Eier und Milchprodukte kann man ebenfalls oft in Hofläden kaufen.
Bei kleineren Betrieben muss es nicht unbedingt Bio sein, man kann sich vorort überzeugen, ob eine artgerechte Tierhaltung besteht. Eine Bio-Zertifizierung kostet Geld und gerade kleinere Betriebe haben oft auch ohne Siegel sogar bessere Bedingungen, als eine Zertifizierung fordern würde.
Milchprodukte und Eier aus dem Laden sollten Bio-Qualität haben.

Auf Wochenmärkten bekommt man günstig Gemüse und Obst.

GEMÜSE UND OBST

In der Stadt hat man i. d. R. ein größeres Angebot und aufgrund der großen Konkurrenz ist vieles günstiger. Oft gibt es neben den vielen Geschäften auch regelmäßig Wochenmärkte, wo man sich nach regionalen Anbietern umschauen kann. Auf dem Land kann man sich ebenfalls informieren, in welchen nahegelegenen Orten Wochenmärkte stattfinden, wo man von regionalen Anbietern Gemüse und Obst kaufen kann. Da in der konventionellen Landwirtschaft viele Pestizide zum Einsatz kommen, ist es sinnvoll, auf Bioprodukte zurückzugreifen. Dabei kommt man auf jeden Fall günstiger weg, wenn man saisonal einkauft.

SUPERFOOD UND NAHRUNGSERGÄNZUNGEN

Superfood sind Nahrungsmittel oder Ergänzungen, die besonders reich an bestimmten oder auch allgemeinen Nährstoffen sein sollen. Bei sehr exotischem Superfood sollte man sich fragen, ob das noch nachhaltig ist, z. B. was den Transport betrifft. Nicht selten werden solche Produkte, die in der ganzen Welt plötzlich begehrt sind, für die Einheimischen im Ursprungsland unbezahlbar, wofür Quinoa ein gutes Beispiel ist.
Mittlerweile bekommt man in Bioläden oder in Supermärkten mit umfangreichem Sortiment viele Nahrungsergänzungen. Was man dort nicht bekommt, kann man im Internet bestellen, wo vieles natürlich auch günstiger ist.

Ökologisch wertvoll – vom Teller in den Napf

Mitte des letzten Jahrhunderts hielt Fertigfutter Einzug in den hündischen Napf. Anfangs lief das Geschäft längst nicht so gut, wie die Futtermittelindustrie es beabsichtigt hatte.

Viele Hundehalter waren nicht so überzeugt von der Idee, ihrem Hund Fertigfutter zu geben und fütterten ihn weiter mit den Resten aus ihrem Kochtopf. Um dem entgegen zu wirken, kreierte die Futtermittelindustrie mit großem Etat eine riesige Werbekampagne, die zum Inhalt hatte, dass Essensreste die Gesundheit der Hunde schädigen und Fertigfutter die Lösung sei. Diese Botschaft kam an, so gut, dass sie heute in vielen Köpfen fest verankert ist. Dabei macht die Futtermittelindustrie im Prinzip nichts anderes, als vorher die Hundehalter selber: Sie verwertet in ihren Rezepturen die menschlichen Reste.

1

1 Hunde mögen gerne die Reste von Frauchen oder Herrchen.

2 Reste aus dem Kochtopf müssen nicht im Müll landen.

RESTEVERWERTUNG

Reste zu verwerten, ist durchaus richtig und sinnvoll, denn es sollte niemals dazu kommen, dass der Hund der Nahrungskonkurrent des Menschen wird. Im Gegensatz zum Wolf, der das einmal gewesen ist, weshalb er in vielen Teilen Europas fast ausgerottet wurde. Dieser Punkt zeigt auch, wie wenig sinnvoll es ist, einen Hund wie einen Wolf zu ernähren.
Der berühmte Biologe und Hundeforscher Raymond Coppinger hat einmal die Theorie aufgestellt, das weltweite Problem mit Straßenhunden würde sich lösen lassen, wenn die Menschen ihren Müll, also ihre Reste, verringern würden.
Die Ernährung von Mensch und Hund war schon immer sehr eng verknüpft. Der Hund war unter anderem deshalb so nützlich, weil er sich ohne viel Aufwand mit den menschlichen Resten ernähren ließ. Wenn Sie sich selber halbwegs gesund ernähren, spricht nichts dagegen, Ihrem Hund Reste Ihrer Mahlzeiten zu geben.
Auch die im Essen üblichen Gewürze stellen für den Hund kein Problem dar. Der wichtigste Faktor ist die individuelle Verträglichkeit Ihres Hundes.
Ich persönlich handhabe es so, dass in das „Hundefach" im Kühlschrank alles wandert, was übrig bleibt. Diese Reste werden von mir einfach mit weiteren Zutaten kombiniert. An manchen Tagen reichen sogar die Reste unserer Mahlzeiten aus, um damit eine komplette Mahlzeiten für den Hund zusammenzustellen.

TIPP

Füttern Sie „clean" und kombinieren Sie es mit den Resten Ihrer eigenen Mahlzeiten. Berücksichtigen Sie dabei die Bedarfswerte Ihres Hundes (siehe Seite 81 ff.).

2

Ein Wort zum Schluss

Mittlerweile ist unser kleiner Terrier 12 Jahre alt und erfreut sich guter Gesundheit. Die Mäkeligkeit der ersten Jahre ist einem gesunden Appetit gewichen, das einzige was er ablehnt, ist rohes Gemüse und Obst am Stück. Nachdem ich mich über Jahre durch all die Futtermythen gewühlt habe, kann ich heute sehr entspannt mit der Fütterung umgehen, sodass der kleine Terrier und unsere Mischlingshündin Lucy, die in der Zwischenzeit dazugekommen ist, viele unserer Reste bekommen und auch sehr gerne fressen.

Vermeiden Sie Extreme

Ich hoffe, mit diesem Buch kann ich auch Sie darin unterstützen, die Ernährung Ihres Hundes wieder etwas „leichter" zu handhaben. Schon Aristoteles wusste: „Von den Extremen ist eines schlimmer als das andere." Extreme Ansichten scheitern i. d. R. an ihrer Massentauglichkeit. Keines der extremen Ernährungskonzepte für Hunde, die wir heute kennen, würde standhalten, wenn man es auf sämtliche 7 Millionen Hunde in Deutschland umlegen würde. 7 Millionen Hunde barfen? Wie sollte das gehen? Wo sollte all das Fleisch herkommen?
Lassen Sie Ihrem Hund ruhig seine ökologisch sehr wertvolle Nische als Resteverwerter der menschlichen Nahrungsmittel. Letztendlich ist es ein reines Luxusproblem, dass wir die Hundeernährung mit solch geradezu religiösem Eifer diskutieren können.

Nehmen Sie das Thema Ernährung trotzdem ernst!

Möglicherweise ist es aber schon bald mit diesem Luxus vorbei. Die Preise, die wir aktuell für Nahrungsmittel zahlen, lügen, denn sie spiegeln nicht die wahren Kosten wider. Würde man die durch die Billignahrungsmittel entstehenden Kosten für Klima, Umwelt, Gesundheit und mehr aufschlagen, wären Nahrungsmittel aus ökologischer, nachhaltiger Landwirtschaft viel günstiger als die herkömmlichen. Es ist wichtig, dass wir beim Einkauf darüber nachdenken, WAS wir kaufen und dass wir bereit sind, den wahren Preis zu zahlen, auch wenn es „nur" für den Hund ist. Schauen Sie über den Tellerrand und über den Napfrand! Gleichwohl wünsche ich Ihnen viel Spaß, Freude und Leichtigkeit dabei, Ihren Blick auf Nahrungsmittel auch mithilfe dieses Buches zu verändern und so vielleicht (wieder) die Freude an einer natürlichen, genussvollen Ernährung und vor allem Fütterung zu entdecken.

Service

ZUM WEITERLESEN UND QUELLEN

Meyer, H., Zentek, J.: **Ernährung des Hundes.** Grundlagen, Fütterung, Diätik 2013

Elmadfa, I., Leitzmann, C.: **Ernährung des Menschen.** Utb. 2015
Deutsche Gesellschaft für Ernährung
www.dge.de

FBN Forschungsinstitut für die Biologie landwirtschaftlicher Nutztiere: Mit Weidenhaltung wird besonders gesundes und dazu noch schmackhaftes Rind erzeugt. 2004

Heinrich Böll Stiftung / **Fleischatlas**
Bundeszentrum für Ernährung
www.bzfe.de

Iss was?! Tier, Fleisch und ich.
Heinrich Böll Stiftung 2016
Exporteure machen gute Geschäfte,
www.fleischwirtschaft.de

Bucksch, M.: **Gesunde Ernährung für Hunde.** Kosmos, 2017

NÜTZLICHE EMPFEHLUNGEN UND ADRESSEN

Clean Feeding
Anke Jobi
Repser Gasse 25
51674 Wiehl
Telefon: +49(0)2262/9999239
E-Mail: kontakt@clean-feeding.de
Internet: www.clean-feeding.de

Empfehlenswerte Komplettergänzungen

Futtermedicus: Vitamin Optimix für verschiedene Bedürfnisse,
Internet: www.futtermedicus.de

Nafties: Nutri Completti,
Internet: www.naftie-shop.de

Vet Concept: Multi Mineral,
Internet: www.vet-concept.com

„Lochstopferzusätze"

Barfers Naturals (enthält auch Jod) von Napfcheck, Dr. Julia Fritz

Spurenelemente Plus von Pahema

Vitamin Optimix Nature von Futtermedicus

EMPFEHLENSWERTE BARFSHOPS

Haifas Welt
Hertener Straße 203
45659 Recklinghausen
Telefon: +49(0) 23 61 / 909 24 02
E-Mail: info@haifas.de
Internet: www.haifas.de

BARF-Karnivor-Shop
Daimlerstr. 27/1
70825 Korntal-Münchingen
Telefon: +49(0)711/81479550
E-Mail: info@kv-shop.de
Internet: www.kv-shop.de

BIOFUTTER FÜR DEN URLAUB

Herrmann's Manufaktur Nass- und Trockenfutter
www.herrmanns-manufaktur.com

Naftie Nassfuter
www.naftie-shop.de

Leyen Nassfutter
www.leyen-hundefutter.de

DANKSAGUNG

Mein herzlicher Dank gilt allen, die mich bei diesem Projekt unterstützt haben. An erster Stelle möchte ich dem Kosmos-Verlag danken, der mir die tolle Möglichkeit gegeben hat, dieses Buch zu schreiben. Mein besonderer Dank geht an Angela Beck, die für alle meine Fragen und Probleme stets ein offenes Ohr hatte.

Die Zeit, in der ich das Buch geschrieben habe, war für meine Söhne und meinen Mann nicht immer leicht. Ich danke euch für eure Geduld mit mir und eure tolle Unterstützung. Danke Oli, dass du immer hinter mir stehst, egal, was mir gerade mal wieder in den Sinn kommt!

Ein herzliches Dankeschön geht auch an Anna Auerbach, die die vielen tollen Bilder für das Buch gemacht hat. Das „Küchenfotoshooting" mit Ihnen hat großen Spaß gemacht!

Ich bedanke mich auch bei Familie Kaltenbach und bei Claudia und Udo für ihre Beiträge, die eine tolle Ergänzung zu meinen Texten sind.

Allen Lesern meiner Blogseite Clean Feeding gilt natürlich mein herzlicher Dank, denn ohne euch hätte ich dieses Buch nie schreiben können.

Danke Uschi für den letzten „Impuls"!

REGISTER

BILDNACHWEIS

87 Farbfotos wurden von Anna Auerbach/Kosmos für dieses Buch aufgenommen. Weitere Farbfotos von Anke Jobi (S. 52, 53, 92, 93, 101), Kathrin Jung/Kosmos (S. 43, 79), Tina Müller/Kosmos (S. 54 oben), Shutterstock (Diana Taliun: S. 40 oben; Saschanti17: S. 40 unten; Dionisvera: S. 41 oben; Gayvoronskaya_Yana: S. 41 mitte; Nataliia K: S. 41 unten), Heike Schmidt-Röger/Kosmos (S. 14 oben, 15, 22 oben u. unten, 30 oben, 32 unten, 33 unten, 44, 46 oben u. unten, 47, 50 oben u. unten, 68 rechts, 71, 73, 74, 77, 81 links u. rechts, 82), Sabine Stuewer/Kosmos (S. 87), Jana Weichelt/Kosmos (S. 16, 84)

2 Farbillustrationen von Wolfgang Lang

IMPRESSUM

Umschlag- und Klappengestaltung von GRAMISCI Editorialdesign, München unter Verwendung von 5 Farbfotos und 1 Schwarzweißfoto von Anna Auerbach/Kosmos.

Mit 124 Farbfotos und 2 Farbzeichnungen von Wolfgang Lang

Gedruckt auf chlorfrei gebleichtem Papier

ISBN 978-3-440-16006-0
Redaktion: Angela Beck, Ute-Kristin Schmalfuß
Gestaltungskonzept: GRAMISCI Editorialdesign, Cornelia Sekulin (München)
Gestaltung und Satz: Atelier Krohmer, Dettingen/Erms
Produktion: Andrea Hehn, Nina Renz
Druck und Bindung: Westermann Druck Zwickau GmbH, Zwickau
Printed in Germany / Imprimé en Allemagne

FSC
www.fsc.org
MIX
Papier aus verantwortungsvollen Quellen
FSC® C110508